STOP

北大総合博物館の
すごい標本
北海道大学総合博物館 編
AMAZING SPECIMENS OF
THE HOKKAIDO UNIVERSITY
MUSEUM

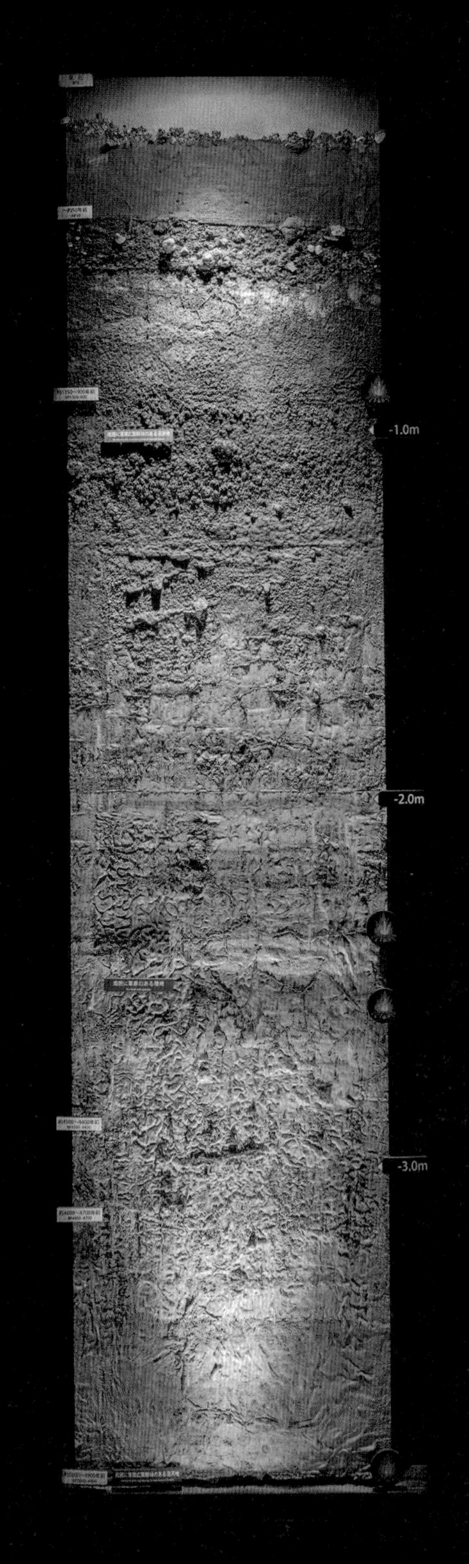
-1.0m
-2.0m
-3.0m

知の扉を開く

博物館。そこを訪れると、さまざまな学術分野の貴重な標本や史料を見ることができる。博物館からまずイメージされるのは、展示室かもしれない。しかし、博物館の営みは展示に留まらない。展示されている「モノ」は、博物館の学芸員や研究者による収集、保存、研究というプロセスを経て、展示の企画担当者の意図のもとにそこにある。そして、博物館のバックヤードには、過去から現在、未来へと社会に受け継いでいくべき膨大な数の「モノ」が収められている。

大学では古くから学術標本の貸借や研究者の交流がなされてきた。大学博物館の前史はあるが、日本の国立大学では1990年代後半以降に次々と大学博物館が創設された。その背景には、学術標本の保存・研究・教育の必要性、そして社会に開かれた大学の窓口としての役割への期待があった。

まぶしい木々の緑、清らかな雪の白、四季折々の美しさに彩られる札幌キャンパスに位置する北海道大学総合博物館は2019年、創設20周年を迎えた。1929年に理学部本館として建設されたその建物は90年の歴史を刻んでいる。博物館は「モノ」「コト」「ヒト」をつなぐことを意識した活動を展開してきた。「モノ」は収蔵している学術標本、さらに、趣ある建物など空間も含めてよいだろう。「コト」は、研究を経てその「モノ」に情報が付与され、その背後にある歴史や未来にも思いをはせることにつながっていく。そして「ヒト」は、博物館に関与するさまざまな人。来館者や、博物館を運営する教職員だけではなく、博物館で学ぶ大学生や大学院生、博物館活動を支えるボランティアなど多様な人を意味している。「モノ」と「コト」と「ヒト」がつながることで、博物館は生き生きとした機関になる。

北大総合博物館は、総合大学の総合博物館である。札幌キャンパスの北部にある札幌農学校第2農場、函館キャンパスにある水産科学館を含め、人々の知的好奇心を開く扉がいくつも用意されている。「モノ」と「コト」に注目して編んだ本書の読者は、既にその扉を開いている。扉の向こうには、関心のある分野の知識を深められたり、新しい分野へと視野を広げたり、幼い頃に憧れて夢中になった分野への思いを再び抱く機会が待っているかもしれない。あるいは、博物館にさまざまな形で関わる「ヒト」の活動への関心が芽生えるかもしれない。

博物館への関わり方は自由である。建物の意匠を味わったり、カフェやショップで過ごす居心地のよい時間を見つけていただくのもよい。本書をきっかけに、それぞれの関わり方を見つけ、北大総合博物館を味わいつくしていただくことを願っている。

北海道大学総合博物館教授
湯浅万紀子（博物館教育・メディア研究系）

左／北大札幌キャンパス内に位置するK39遺跡・総合研究棟（機械工学系）地点の地層剝ぎ取り標本。
同キャンパスは、そのほとんどが遺跡に指定されている

北海道大学

収蔵標本数300万点、

うち1万3千点が唯一無二のタイプ標本。

AI、バーチャル全盛の時代に、

存在感を増し続けるリアル博物館——。

展示室の名品に加え、

収蔵庫に眠る夢の標本箱の秘密を、

現代の研究者たちがひもとく。

見えてくるのは、百年単位の知の蓄積と、

本物だけが宿す確かな光、

そして未来への胎動。

博物館は、生きている。

学問の高みを象徴する建築遺産

「最も大きい展示物は？」という問いに「館そのもの」と答えられる幸せな博物館が北大総合博物館である。1929年(昭和4年)に理学部本館として竣工した、北大でも最初期の大規模な鉄筋コンクリート建造物※1で、設計者は北海道帝国大学営繕課長の萩原惇正※2である。

外壁は一見レンガに見えるが、近づくと表面に引っ掻き加工を施されたタイルであることが分かる。スクラッチタイル※3と呼ばれるもので、手仕事の跡が陰影を醸し出している。館長の小澤丈夫教授によると、2014年の改修工事で一部を新しいものに取り換える際、古いタイルを中央部に集めることで風格ある雰囲気を守ったそうだ。エントランスの車寄せは格式を感じさせる尖塔アーチ。植物の模様が彫り込まれた扉枠を通って中に入ると、正面に大理石模様の柱と階段腰壁が現れる。ライトブラウンを基調とした模様は風雅そのものだが、実はコルク粉を塗って研ぎ出した人造大理石。これも職人の手仕事だ。

3階には尖塔アーチの形をした通称「アインシュタイン・ドーム」がある。高さ7.6mの天井を見上げると、交差したデザインによって天へ引き上げられていくよう。最頂部の要となるキーストーンは繊細な手技が生んだ透かし彫りのような美しさだ。名の由来は、ドイツのアインシュタイン塔※4に似ていたためと伝えられている。東西南北の壁に掲げられたレリーフは果物、ひまわり、蝙蝠(こうもり)、梟(ふくろう)の絵柄で、それぞれ朝、昼、夕、夜を表し、「昼夜を問わず研究に打ち込む」という理学部の理念を象徴している。

アインシュタイン・ドームや車寄せの尖塔アーチのように、垂直性を強調するデザインを「ゴシック様式」という。一方、2階小窓の半円や弧、軒下のロンバルド帯※5、そして壁の面を強調するデザインを「ロマネスク様式」という。どちらも中世ヨーロッパの教会建築様式で、日本では大学建築に多く取り入れられた。もっとも東京大学をはじめ他大学はゴシックかロマネスクのどちらかであるのに対し、北大はユニークな融合タイプだ。

農学部、医学部、工学部がそろっていくなかで、理学部創設は総合大学としての悲願だった。旧理学部長室は、窓

※1　鉄筋コンクリート建造物
コンクリートは新素材で、関東大震災後、耐震・耐火のために急増した。近代科学精神を象徴するものとしても、理学部本館にコンクリート建築が採用された意味は大きい。

※2　萩原惇正
1892年静岡生まれ。関西工学校建築科卒業。北海道庁の建築技師などを経て北海道帝国大学営繕課長。建築家という職業が確立される前、公的建築物の設計は役所の営繕の部署が担っていた。萩原は営繕課長として、理学部に続き農学部も設計した。

※3　スクラッチタイル

※4　アインシュタイン塔
1921年、ドイツのポツダムで、天文台に建てられた建造物。エーリヒ・メンデルゾーン設計。内部は櫓のような筒に光を導き入れ、分光器にかけて観察する塔状の望遠鏡となっており、北大総合博物館3階の吹き抜け空間とよく似ているとされる。北海道帝国大学・堀健夫教授の1926年の日記にアインシュタイン塔への訪問が記されていることから、堀教授の命名と推測されている。

※5　ロンバルド帯
イタリア・ロンバルディア地方で発生したロマネスク建築に特徴的な壁面の装飾形式。外壁の上部に規則的な小アーチ列を付けたもの。

枠もカーテンボックスも丹念に作り込まれ、天井には漆喰の装飾が。その品格あるしつらえにも、アカデミズムの頂点に立つ理学部の存在感が香り立つ。

自然界の真理を探究するサイエンスの城は、多彩な美意識とひたむきな手仕事の結晶である。

1万3千点のタイプ標本が語ること

自然史系博物館のグレードとは何だろう。歴史？　コレクション数？　それとも希少な標本？

研究者の多くが口にするのが「タイプ標本の数」である。タイプ標本とは、ある生物の新種を発表する際に、その生物を定義するための記載の拠り所となる標本のことだ。「新種発見！」のニュースは、私たちに未知の扉が開かれるときめきをもたらしてくれるが、タイプ標本は、新種である根拠を保証する絶対的な物証なのだ。

昆虫標本のラベル。最初に付けられた標本情報が、訂正される度に地層のように重なったものも少なくない

タイプ標本には「ホロタイプ(正基準標本)」「シンタイプ(等価基準標本)」などいくつかの種類がある。ホロタイプは、研究者が新種を記載する際に扱った全ての標本の中から唯一選ばれた標本だ。こうして固定されたホロタイプが、後の研究や分類の際の基準(拠り所)になる。残りの標本は「パラタイプ(従基準標本)」として扱われる。ホロタイプという概念がなかった時代のタイプ標本は、全て等価としてシンタイプと指定された。

札幌農学校を前身とする北大は、自然史研究において国内有数の歴史を有している。それは海藻、陸上植物、無脊椎動物、昆虫、魚類など約400万点の学術標本として結実した。北大総合博物館はそのうち約300万点を収蔵し、しかも約1万3千点がタイプ標本なのである。

タイプ標本を所蔵する博物館は、世界各国の研究者から「借覧」を求められる。「借覧」とは文字通り借りて見ることで、種の再検討や近縁種との比較のために欠かせない。標本の台紙に押された「TYPE」「TYPUS」などのスタンプは研究者にとって燦然と輝く守護星なのである。タイプ標本を恒久的に保存することは、国際的に規定された保有国の責務となっている。そして今、絶滅した生物の分類や過去の環境復元に取り組む上でも、標本の存在価値は飛躍的に増大している。

北大総合博物館で新旧の標本を比較[※6]対照できることは大きな強みである。たとえば、明治時代と現代のゴミムシの脚に含まれる重金属の含有率を分析すると、工業化前と後の環境変化が分かる。また海水に溶け込んだヨウ素を取り込む性質のあるコンブを比較対照することで、1940年代以降、世界各地で行われた核実験による放射性ヨウ素の拡散の実態を探ることができる。同時代に同じ場所で採集されたものが複数保存されていることが肝心だ。

※6　比較
同時代に同じ場所で採集されたものが複数保存されていれば、比較分析用に標本を使うことができる。標本が１点のみでは保存が最優先されるので、比較分析に使うことは難しい。

さらに近年、生物資源原産国の権利が叫ばれ、海外での採取が容易でなくなるなか、北はアリューシャン列島、千島列島、樺太、南はミクロネシア、マレーシア、インド洋と、札幌農学校時代から収集された標本の存在は貴重さを増している。現代の基準だけで標本の価値を決めるのではなく、「できるだけ保存しておく」ことで未来の可能性が広がる。過去の研究者たちがそうしてくれたように。

保存の科学

「冷凍殺虫中」——。昆虫収蔵庫で目にしたメモ書きだ。これは、標本をかじるカツオブシムシやチャタテムシ、シバンムシなどから標本を守るために昆虫標本を冷凍することだ。北大総合博物館では、外部から寄贈された昆虫標本を受け入れる際には必ず行われる。

標本は虫害や物理的劣化に常に脅かされている。温度・熱、湿度・水分、光（可視光線、紫外線、赤外線）、空気汚染（硫黄酸化物などの大気汚染、塵埃やアルデヒドなどの化学物質）、振動・衝撃……。蛍光灯が発する紫外線は微量だが、紫外線吸収膜のついたものが用いられるほどだ。

貴重な標本を保存するため、古来さまざまな知恵が駆使されてきた。昆虫標本には「ドイツ箱[※7]」という木製の箱が使われる。日本では明治初期に外国人によって作られ、その伝統が今も続く。材質の主流は桐だ。柔らかくて細工しやすく、調湿作用もある。しかも安価だ。花嫁だんすに昔から桐が用いられたのと同じ理由である。

※7　ドイツ箱
ドイツ製ではなく「ドイツ式」「ドイツ風」の意味で、ガラス蓋から中の標本を見ることができる。蓋と本体は凹凸がぴったりかみ合い気密性が高い。昆虫を針で留めて標本箱に収める様式はヨーロッパ古来のもので、18 世紀の標本箱も残っている。

標本の腐敗を防ぐ方法として、乾燥させるか、防腐作用のある液体に浸す(液浸※8)かは、その生物の形態による。昆虫に代表される外骨格の生物は乾燥、つまり干物化させることで腐敗を防ぐ。乾燥させると色は残るが、内臓などの形態は分からなくなってしまう。一方、魚や無脊椎動物、一部のきのこなどはアルコールなどに液浸する。

※8 液浸
代表的な薬液にはアルコールやホルマリンがある。色素が壊れることで退色してしまうのが欠点だったが、近年、色を残す液体も開発された。液浸標本には、液浸した瓶ごと液に浸ける二重液浸という方法もあり、蒸発していくアルコールを注ぎ足さなくてもよいので、より厳重に守ることができる。

19世紀末、バクテリアによって貝殻の標本に白い粉が吹く病気、バインズ病があると考えられていた。イギリスのアマチュア貝類学者バインズによって発表されたものだが、実はこれ、病気ではなく化学反応であった。木製の標本箱や紙ラベル、脱脂綿などが発する酸性の蒸気が空気中の水分に溶け込み、それが標本に触れると貝殻の炭酸カルシウムが反応して粉を吹いたように劣化するのである。この教訓から、貝殻は必ずビニール袋などに入れてから標本箱に収めることが基本となった。

なぜ標本を保存するのか。それは、オリジナルの現物からしか得られない情報がたくさんあるからだ。バーチャル技術やデジタル技術は、認識する人間の限界までしか表現できない。しかし現物は、それをはるかに超える無限の情報を包含しているのである。

新しい風を吹き込む人々

休日の午後。博物館3階の「古生物の部屋」で、一人のボランティアが恐竜化石について説明していた。スケッチブックに描いた自作のイラストを使い語りかけると、子どもたちの目が輝く。

人気の古生物の展示解説

約20分の解説シナリオは自ら作る。学術的に誤りがないか専門教員のチェックを受け、練習を積んでこの舞台に立っている。この日解説を担当した4人のボランティアは終了後、湯浅万紀子教授の研究室で振り返りのミーティングを行った。解説内容、話のメリハリのつけ方、場面ごとの体の向きといった細部にまで、参加者から聞き取った意見も参考にしながら率直な意見交換を重ねる。

北大総合博物館では、植物、菌類、昆虫、化石、考古学に関する標本の整理を担うのもボランティアである。標本群は、配架[※9]するだけでも相当な年数がかかる量だという。植物標本ボランティアの活動室を訪ねると、全員が白衣姿で、新聞紙に挟まれたままの古い押し葉標本を台紙に移したり、専門書で学名を調べたりしていた。植物好きが集う和気あいあいとした雰囲気の中にも、未来の研究者へバトンをつなぐという使命感から、凛とした緊張感がみなぎっていた。こうしたボランティアは総勢250人。16ものグループが活動している。

学生や大学院生の教育の場としても博物館は重要だ。とりわけ画期的な取り組みが「ミュージアムマイスター認定コース[※10]」である。これは、貴重な標本群を持ち、社会に開かれた博物館を舞台とした体験型全人教育で、実物資料の扱い方やフィールドワークの方法、グループによるプロジェクト運営を学ぶものだ。文系・理系を問わず、博物館に興味を持つすべての学生を受け入れることができるのは、総合博物館ならではの強みだろう。

コースの中で学生は、博物館で開催するワークショップを企画・運営したり、博物館主催の行事に携わることで市民と交流し、コミュニケーション能力を高めることができる。たとえば「土曜市民セミナー」や「ガイドツアー」では、普段の学生生活では接することの少ない、子どもを含めた幅広い年齢層に向けた分かりやすい説明に心を砕き、コミュニケーションの方法を磨いていく。

博物館主催行事の「卒論ポスター発表会」は、市民や他分野の学生に向けて卒論をプレゼンテーションする場で、この会の運営を担うのも学生たちだ。彼らは発表者をサポートし、案内リーフレット作りから司会進行までをこなす。館内のミュージアムショップで販売されるタンブラーやトートバッグなどのグッズ開発も、実践力を磨く貴重なプログラムだ。こうした経験を経て、実際に企業や自治体などで力を発揮している卒業生も少なくない。

デジタル世代の学生たちは、情報に自在にアクセスできるように見えるが、マイスターの一人がこんな言葉を口にした。「デジタル媒体での検索では自分が見たいと思ったものしか見られません。でも、博物館では思いがけない『モノ』や『コト』、そして『ヒト』と出合えるのです」

博物館の資源は標本だけではない。100年単位の命を預かる知の館に、学生や市民が生きた風を吹き込んでいる。

（北室かず子／ライター）

※9　配架
標本整理の到達点。植物標本を例にとると、採集年月日、採集地、採集者名などのデータをそろえ、ラベルを作り、学名順に所定の場所に配置する。学名は分類学の進展に伴って変わることもある。北大総合博物館の全植物標本約40万点のうち、配架を終えた標本は27万点にすぎない。ボランティアの力なくして標本整理は不可能なのである。

※10　ミュージアムマイスター認定コース
「博物館を舞台とした体験型全人教育」プログラム。学部の枠を超えた広い分野の知識習得、博物館主催の課外演習や活動を通した実践的な学びを目的としたコースで、開講科目を履修し、当該年度学生の学年平均点以上を満たしたうえで、書類審査・プレゼンテーションを含む面談によって、ミュージアムマイスターが認定される。2009年度から20年1月までで39人しか認定されていない狭き門だ。

指導を担当する湯浅教授（中央）とミュージアムマイスターの山本茉奈さん、太田晶さん、山内彩加林さん、森本智郎さん（左から）

目次

はじめに 3

◎ すごい標本100選

01 陸上植物 19

02 菌類 43

03 藻類 65

04 昆虫 87

05 魚類 109

06 無脊椎動物 131

07 古生物 153

08 岩石・鉱物 175

09 考古 195

10 学術資料アーカイブ・科学機器 215

◎ 博物学者列伝

① 宮部 金吾 39

② 舘脇 操 41

③ 伊藤 誠哉 63

④ 山田 幸男 85

⑤ 松村 松年 107

⑥ 尼岡 邦夫 129

⑦ 内田 亨 151

⑧ 長尾 巧 173

⑨ 北大学術映像の系譜 235

◎ 道具箱

未来へつなぐ **標本固定テープ** 38

多様な「戦略」染める **メルツァー液** 62

細胞を守る **吸水紙** 84

繊細さを留める **展翅板** 106

色味を残す **撮影セット** 128

ミクロトーム で極薄切り 150

恐竜発掘七つ道具 172

物騒な **ハンマー** たち 194

「**たんぽ**」が写し取る本質 214

製造から半世紀、
なおも現役 **フィルム編集機** 234

関連年表 237

すごい標本
100選

標本100選 01

陸上植物

環オホーツク地域の植物研究に必須の歴史的標本群

◎陸上植物

首藤光太郎（北海道大学総合博物館助教）

ルーツは19世紀末

北海道大学における植物学研究は、国内で指折りの長い歴史をもつ。北大に植物学講座(当時の植物学第一講座)が正式に設置されたのは、札幌農学校が東北帝国大学農科大学として開学した1907年(明治40年)のことである。日本植物学会が刊行した『日本の植物学百年の歩み』によれば、これは国内の大学に設置された植物学の講座または教室の中では、東京大学に次いで2番目に古い。しかし、札幌農学校2期生の宮部金吾が札幌農学校の助教に就任したのが1883年(明治16年)、植物園(現在の北海道大学北方生物圏フィールド科学センター植物園)が開園されたのが1886年であったことを考えると、そのルーツはさらに古いと言えるだろう。

札幌農学校の動植物学講堂南側のレンガ造り2階建ての「腊葉庫(さくよう)」(標本庫)が開館したのは1903年(明治36年)のことである。この標本庫が現在の当館植物標本庫の元となっている。そのコレクションは、札幌農学校1期生により採集された標本や、1884年から行われた宮部の日高地方、北見地方、千島列島への採集旅行で収集された標本に始まった。標本庫の管理は、初期から戦後にかけては農学部の宮部金吾、工藤祐舜、舘脇操によって行われた。総合博物館の標本庫は当館名誉教授の高橋英樹によって開かれ、植物ボランティアや資料部研究員による現在の管理システムが構築された。

北海道、千島、樺太で採集

現在、標本庫には27万点以上と推定される維管束植物の腊葉標本が配架されている。この収蔵点数は、2015年に日本分類学会連合が調査を行った時点では、国内の維管束植物標本を収蔵する標本庫の中では第8位だった。ただし戦前、特に千島列島で採集された古い標本では、1枚の台紙に複数の標本が貼付されていることが多く、加えてボランティアによる未整理標本群の整理・配架が継続的に進んでいるため、正確な標本点数を把握するのは困難である。これらの標本は、形態の種内変異の把握、種同定、レッドデータブック(レッドリスト)の作成や改訂、

外来種の侵入と分布拡大年代の推定などといった研究や事業に活用されている。

収蔵標本の中には、宮部、工藤、舘脇らをはじめとした北大に籍を置いた研究者が記載した分類群のタイプ標本が300点以上含まれる。ほとんどが道内、千島列島、樺太から記載されたものである。これらのタイプ標本は、その重要性から防火金庫内で厳重に保管している。ただし、博物館にある全てのタイプ標本を認識できているわけではなく、すでに配架済みの標本からタイプ標本が見出されることや、未整理標本群の中からタイプ標本が発見されることもある。

標本棚には、採集地ごとに異なる色のカバーに分けられた標本が収納されており、緑と青のカバーが多くを占める。これらは、それぞれ北海道内および千島列島・樺太で採集されたものであることを示している。

道内産の標本は、札幌農学校時代から現在に至るまで、多くの北大関係者やアマチュア研究家らによって各地で継続的に採集されてきた。道内では最も古く、かつ多数の標本を収蔵している標本庫であるため、研究者や学生が道内の植物の分布や生育の記録に関する研究を行う際、当館で標本調査を行うことが必須となる。千島列島・樺太の標本は、明治から戦前にかけて宮部金吾、工藤祐舜、舘脇操、武田久吉、三宅勉らによって採集された標本群と、近年の国際調査の成果として高橋英樹らによって採集されたものからなる。千島列島・樺太を含む環オホーツク地域の植物の研究に取り組むにあたり重要なコレクションである。

当館には、すでに配架された標本の他に10万点を超える未整理標本が存在し、植物ボランティアによって少しずつ整理・配架が進んでいる。宮部や舘脇らにより採集された古い標本も未だに多く、しばしば貴重なコレクションが発見される。未整理標本の多くは台紙に貼られず当時の新聞紙に挟んだままの状態で保存されており、その新聞紙に歴史的価値が見出されることもある。古い新聞紙は図書ボランティアによって整理・保管され、一部が館内で展示されている。

P.20左／現在の植物標本庫。この他に2部屋ある
P.20右／採集された産地ごとに異なるカバーに挟まれて収蔵されている
P.21／活動中の植物ボランティア

ヨコワサルオガセ

Usnea diffracta Vain.

チャシブゴケ目ウメノキゴケ科
W. S. Clark & D. P. Penhallow *s.n.*, 1876, SAPS 39113
札幌近郊で採集

001

クラークとペンハローの地衣類標本群

札幌農学校で初代教頭を務めたウィリアム・S・クラーク(1826～1886)と、教授を務めたデビッド・P・ペンハロー(1854～1910)が1876年に札幌近郊で採集した地衣類の標本。標本は全部で46点あり、写真左はそのうちの一つである。右も宮部金吾が採集した貴重なものではあるが、今回紹介する標本とは関係がない。

これらの標本が北大に存在することは古くから知られていた。地衣類の専門家である朝比奈泰彦(1881～1975)による「半世紀前札幌附近ニ於テ採集サレタル地衣標本」が1929年の植物研究雑誌に掲載されている。その序文によれば、朝比奈と宮部が27年に仙台で宿を共にした折、これらの標本が話題に上り、朝比奈が閲覧を依頼、送付を受けて再同定を行ったそうである。標本のすぐ下にある"Sapporo Agricultural College"と見出しがついたラベルがオリジナルで、そのさらに下のものは筆跡から宮部が作成したものと推定される。後者に記された学名の下に"det. y. A."とあるが、これは朝比奈により同定されたことを示す。

クラークと地衣類については、クラークが札幌近郊で採集した標本をもとにマサチューセッツ大学のエドワード・タッカーマン(1817～1886)により献名された"*Cetralia clarkii*"が有名である(この学名は正式には発表されていない)。朝比奈は上記の論文の中で、本種の標本写真を掲載し検討を行った上で、"クラークゴケ"という和名を提案したが、この標本は現在発見できていない。今もまだ、当館のどこかで眠っているのかもしれない。

この項を執筆するにあたり、あらためて標本を確認したが、90年前に出版された論文を頼りに(1929年は奇しくも理学部本館が建築された年である)、さらに50年以上も遡る古い標本を点検する作業は、何にも代えがたい貴重な体験であった。

Det/Conf S.Tchabanenko
Usnea diffracta
2012

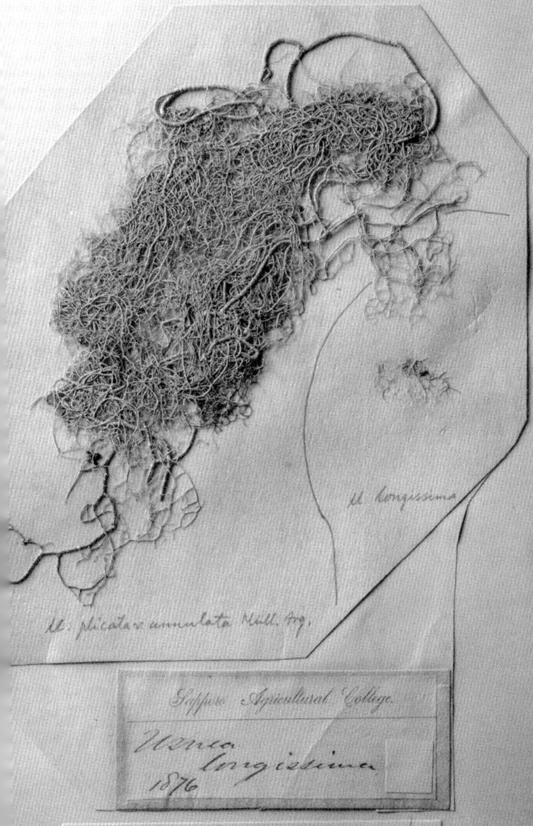

Sapporo Agricultural College.
Usnea longissima
1876

det. Tuckerman
Herbarium of the College of Agriculture, Hokkaido Imperial University, Sapporo.
Usnea plicata v. annulata Müll. Arg.
det. Y.A.
In the vicinity of Sapporo.
W. S. Clark & Penhallow.

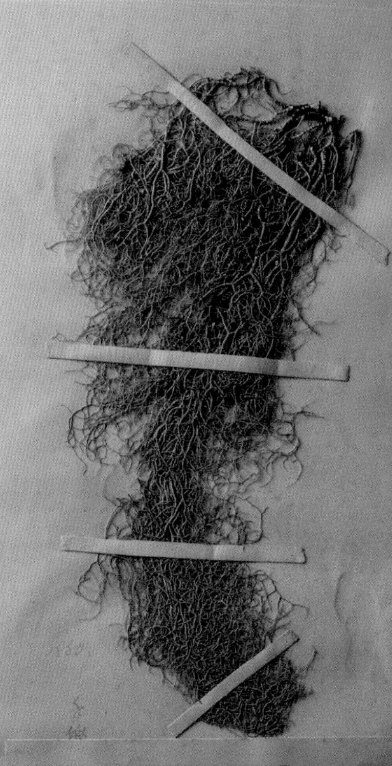

HERB. KINGO MIYABE.
Usnea plicata Hoffm. var. annulata Müll. Arg.
ミヤマサルヲガセ
Mt. Teine, Prov. Ishikari
1880. K. Miyabe

Colorless K. M.

Det/Conf S.Tchabanenko
Usnea diffracta Vain
2012

エゾゴマナ

Aster glehnii F. Schmidt

キク目キク科
S. Sato *s.n.*, Aug. 1876, SAPS
札幌で採集

002

142年の眠りから覚めて

札幌農学校1期生、日本初の農学博士、北海道帝国大学初代総長などとして著名な佐藤昌介(1856～1939)が1876年8月に採集した標本。札幌農学校が開校式を行ったのが同年8月14日であり、開校当時を物語る貴重な標本である。北大在籍期間が最も長い標本と言えるだろう。

ラベルはその筆跡から佐藤昌介本人の直筆と推定されており、見出しは“Herbarium of S. Sato”となっている。続いて、現在のキク科にあたる“Compositae”、シオン属にあたる“*Aster*”、採集日と推定される“August、1876-S. Sato”、採集地“Sapporo”、備考“Wild”(野生個体を意味すると推定されている)と記されている。加えて、高橋英樹によってエゾゴマナと同定されたことを示すカードが付されている。

古くからその存在が知られていたクラークによる地衣類標本とは異なり、佐藤が採集した標本が発見されたのはつい最近である。植物ボランティアによって整理が進められている未整理標本群の中には、宮部金吾、舘脇操など歴代の北大の教員や学生により採集されたものの未だ配架まで至っていない標本が10万点以上存在する。今回の標本も、2018年に発見されるまでこれらの中に長期間放置されていた。標本の状態は決してよくはなかったが、虫害により植物体全体が失われていたのはごくわずかであり、標本が採集された時期や、長期間未整理標本群の中で眠っていたことを考慮すると幸運であったと言えるだろう。

現在までに発見された佐藤の標本は合計42点あり、1876年8月から10月にかけて、当時の“Sapporo”で採集されたとされる。札幌農学校1期生1年目のカリキュラムには、クラークまたはペンハローによる本草学Botanyがあり、この一環で採集された可能性が指摘されている。今回はこれらの中から、比較的初期に採集され、かつ状態のよいエゾゴマナの標本を代表して掲載した。詳しい発見の経緯や各々の標本についての解説が、高橋(2019、北方山草(36):32-38)によってまとめられている。

HERBARIUM OF S. SATO.
Compositae.
Aster
August, 1878 - S. Sato.
Locality - Sapporo.
Wild
Aster glehnii F. Schmidt
エゾゴマナ
det. H. Takahashi
Nov. 4, 2018.

...barium of the Botanic Garden
...kkaido University, Sapporo, Japan
Trillium kamtschaticum Pallas
ovary - pale black.
JAPAN. Hokkaido: Hidaka-sicho,Horoizumi-gun,Erimo-cho.
Deciduous forest along the Nikanbetsu River.
coll. H. Takahashi, K. Kawabata, E. Kushibiki and
Y. Kikuzawa # 9711
May 25, 1989

Herbarium of Hokkaido University

Papaveraceae　　　　ケシ科

Corydalis fumariifolia Maxim. subsp. azurea Lidén et Zetterlund

エゾエンゴサク

Loc.: Hokkaido　Tokachi

Urahaoro-cho, Chokubetsu, S of Route 38

浦幌町直別　国道38号南側　R38そば

Date: 6 May 2018

Coll.: 本多 丘人

HONDA Okahito　　　　No.: 180703

This label was made by a museum volunteer Yasuko Kato on 2018/7/19

003

オオバナノエンレイソウ

Trillium camschatcense Ker Gawl.

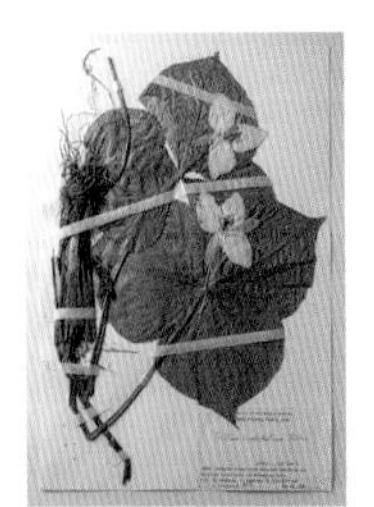

P.26

ユリ目シュロソウ科
H. Takahashi *et al.* 9711, May 25, 1989, SAPS
北海道幌泉郡えりも町で採集

北大の校章にもなっているオオバナノエンレイソウの標本。北大に在籍した歴代の研究者が、本種に代表されるエンレイソウ属に注目してさまざまな研究を進めてきた。写真の標本は高橋英樹らによってえりも町で1989年に採集されたものであり、標本庫に現在配架されている約400点に及ぶ本種の標本群の中から特に状態のよいものを選抜して掲載した。特徴として、①根から掘り取られている②色がよく残されている③複数の花をつけている④花の内部が見えるように押されている—などが挙げられる。

004

エゾエンゴサク

Corydalis fumariifolia Maxim. subsp. *azurea* Lidén et Zetterlund

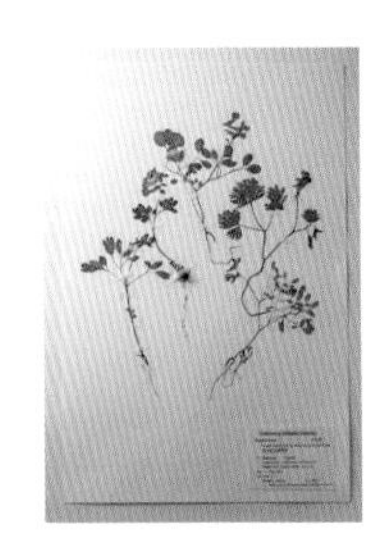

P.27

キンポウゲ目ケシ科
O. Honda 180703, May 6, 2018, SAPS
北海道十勝郡浦幌町で採集

植物体が小型な種であれば1枚の台紙に複数の株を貼り付けることが可能であり、この標本から集団や個体がもつ形態変異を限定的ではあるものの推定することができる。エゾエンゴサクは、道内に分布する春植物(スプリング・エフェメラル)として代表的な種の一つ。この標本は当館ボランティアである本多丘人によって浦幌町の一集団から採集されたものであり、葉の形態やサイズに顕著な変異を見せる。本種の花の色や葉の形が多様であることはよく知られているが、このことを瞬時に認識できるお手本のような一点である。

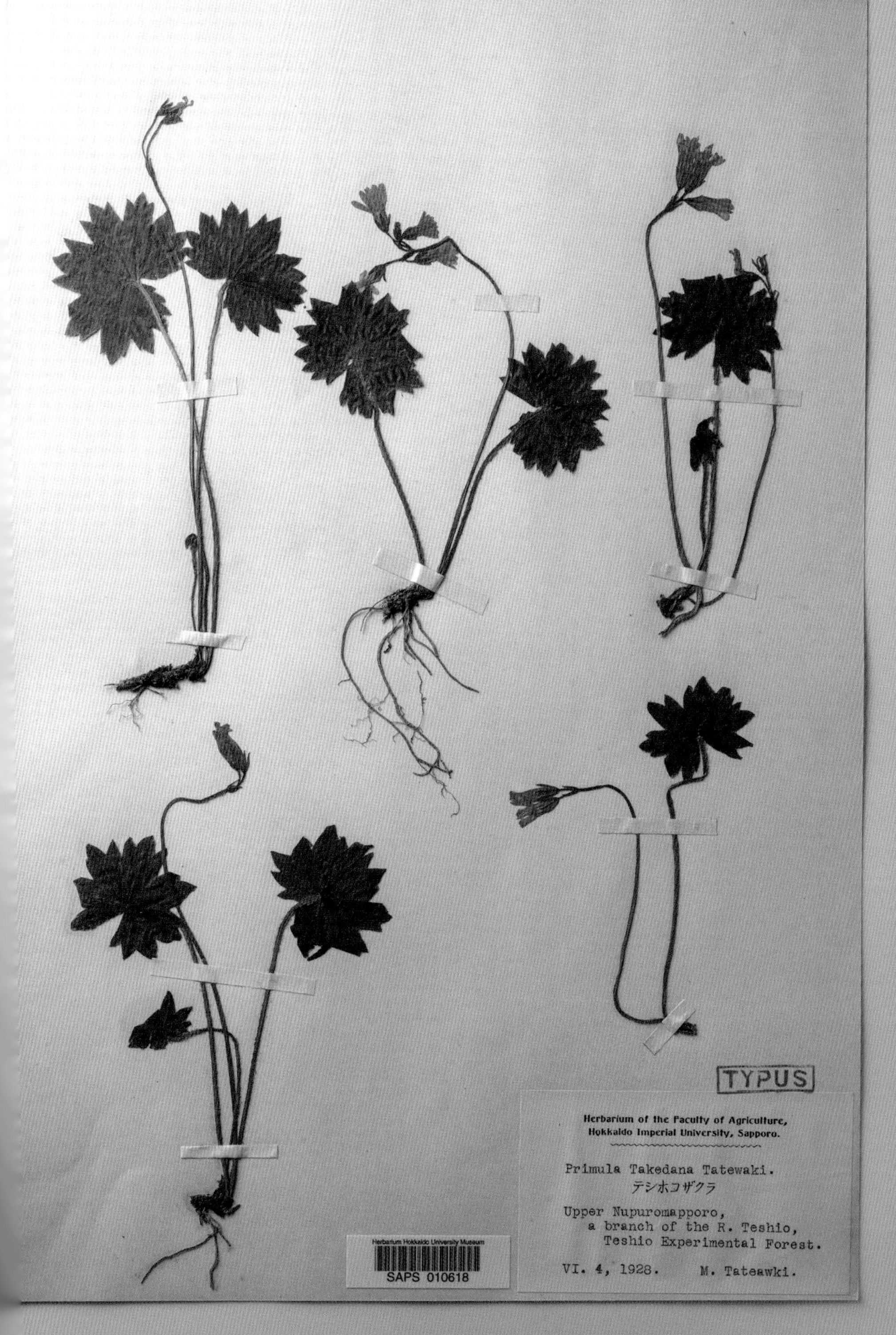
TYPUS
Herbarium of the Faculty of Agriculture,
Hokkaido Imperial University, Sapporo.
Primula Takedana Tatewaki.
テシホコザクラ
Upper Nupuromapporo,
a branch of the R. Teshio,
Teshio Experimental Forest.
VI. 4, 1928. M. Tateawki.
Herbarium Hokkaido University Museum
SAPS 010618

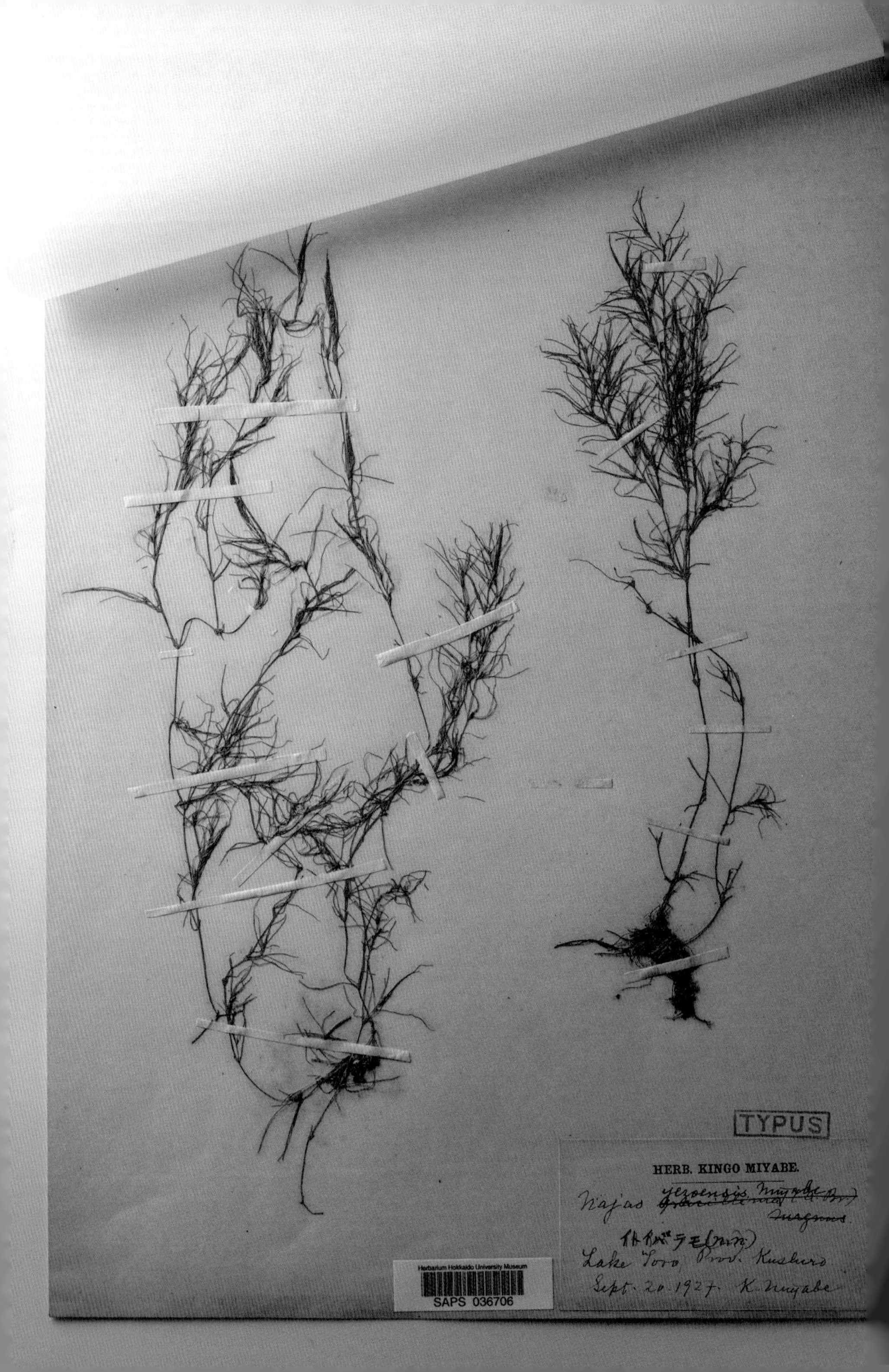
TYPUS
HERB. KINGO MIYABE.
Najas yezoensis Miyabe
イトトリゲラモ(n.n.)
Lake Toro, Prov. Kushiro
Sept. 20. 1927. K. Miyabe
Herbarium Hokkaido University Museum
SAPS 036706

005

テシオコザクラのタイプ標本

Primula takedana Tatew.

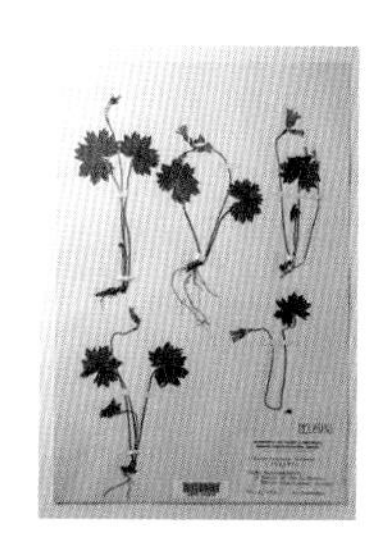

P.29

ツツジ目サクラソウ科
レクトタイプ
M. Tatewaki *s.n.*, June 4, 1928, SAPS 10618
天塩演習林(現北海道大学北方生物圏フィールド科学センター天塩研究林)で採集

テシオコザクラは、天塩地方の蛇紋岩地帯に特産するサクラソウ属の多年草で、花が白く、葉が掌状に裂けるのが特徴。発表されたのは1928年で、当時まだ20代の舘脇操が初めて記載した植物である。タイプ標本は天塩演習林(現在の北方生物圏フィールド科学センター天塩研究林)で採集され、写真のものを含め計8枚存在する。このうち5枚が当館に、残りの3枚が他機関に保管されていることが、2009年に高橋英樹らによって報告された。種小名の"*takedana*"は、高山植物の研究を行った武田久吉に献名されたもの。環境省レッドリスト絶滅危惧II類。

006

イトイバラモのタイプ標本

Najas yezoensis Miyabe

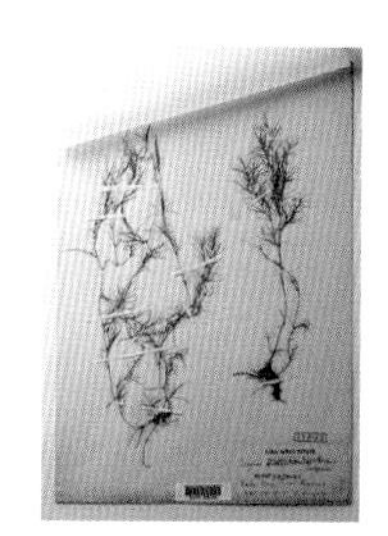

P.30

オモダカ目トチカガミ科
シンタイプ
K. Miyabe *s.n.*, Sep. 20, 1927, SAPS 36706
塘路湖で採集

宮部金吾によって1931年に記載されたイトイバラモのシンタイプのうちの1点。本種は一年生の水生植物(水草)で、全草が水中に沈んだ状態で生育する。同属の他種からは、長径2mm程度の種子表面の模様が縦長である点で識別することができる。このため、正確な同定にはルーペまたは顕微鏡が必要である。標本は27年9月に釧路湿原東部の塘路湖で宮部自身によって採集された。満足な図鑑もなかったこの時代に、水中から本種を採集し、新種として認識し、識別点を見出した宮部の見識の高さをうかがうことができる。環境省レッドリスト絶滅危惧II類。

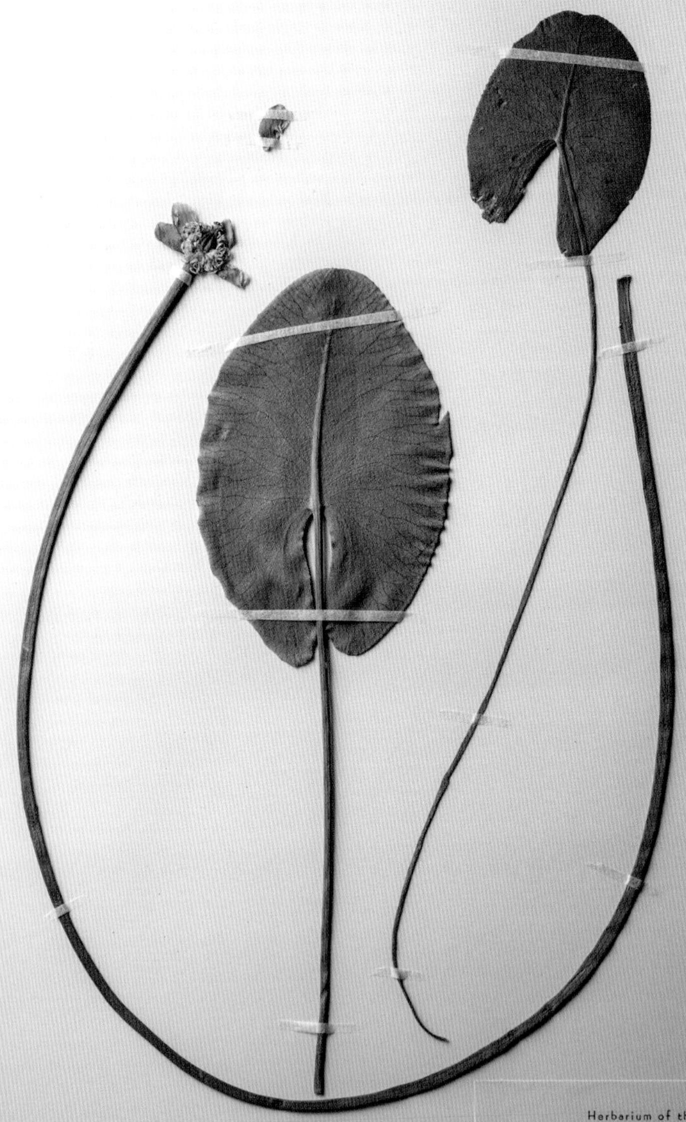

HOLOTYPE
of
Nuphar pumila (Timm) DC. var. **ozeensis** (Miki) H. Hara
forma **rubro-ovaria** Koji Ito
ex Hideki Takahashi, M. Yamazaki & J. Sasaki
in *J. Jpn. Bot.* 80: 51 (2005)

Herbarium of the Botanic Garden
Hokkaido University, Sapporo, Japan *Nymphaeace*

Nuphar pumilum (Timm) DC.
var. ozeense (Miki) Hara
オゼコウホネ.

Ovary - red!
JAPAN. Hokkaido: Sorachi-sicho, Uryu-gun, Ury
cho. Uryu-numa mire（雨竜沼湿原）, alt.840-85
43° 41.5-42'N, 141° 36-37'E. *Pond (No.05) = J-1*
coll. H. Takahashi # *25288* July 23, 19

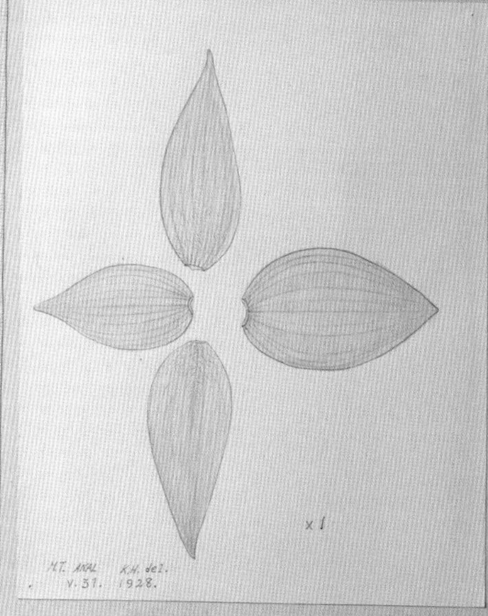

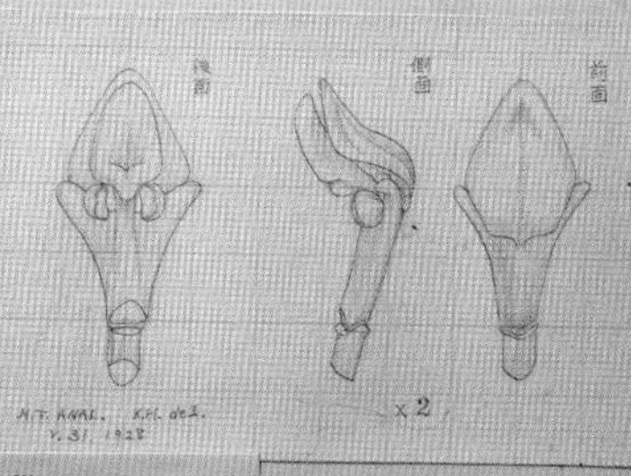

Miyabe & Kudo
[Fl]ora of Hokkaido & Saghalien

TYPUS

Herbarium of the College of Agriculture,
Hokkaido Imperial University, Sapporo.

[Cy]pripedium macranthum Sw.
var. rebunense Miyabe et Kudo.
[C]ypripedium rebunense Kudo.

レブンアツモリサウ

[C]ult. in Ushijima's Garden, Sapporo.
[F]rom Isl. Rebun, 1926.

[V.] 31, 1928. M. TATEWAKI.

007

ウリュウコウホネのタイプ標本

Nuphar pumila (Timm) DC. var. *ozeensis* H. Hara f. *rubro-ovaria* Koji Ito ex Hideki Takah., M. Yamazaki et J. Sasaki

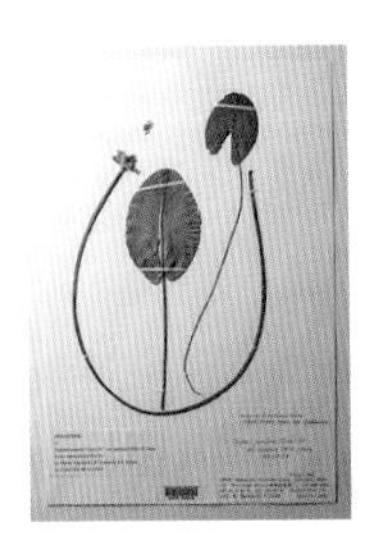

P.32

スイレン目スイレン科
ホロタイプ
H. Takahashi 25288, July 23, 1998, SAPS 628
雨竜沼湿原で採集

ウリュウコウホネは多年生の水生植物で、子房(後の果実)が赤く着色することが特徴のオゼコウホネの品種。この特徴は、北大大学院環境科学研究科教授を務めた伊藤浩司によって少なくとも1994年に報告されていたものの、学名は正式には発表されていなかった。このため、2005年に高橋英樹らによってあらためて記載された。北大の教員が時代を越えてタッグを組み、発表に至った数奇な植物である。写真の標本は、発表に際して引用されたホロタイプ。和名は雨竜町の雨竜沼湿原に由来し、同湿原の池塘に特産すると考えられてきたが、同様の特徴をもつ植物が、近年尾瀬からも発見された。

008

レブンアツモリソウのタイプと推定される標本

Cypripedium macranthos Sw. var. *rebunense* (Kudô) Miyabe et Kudô

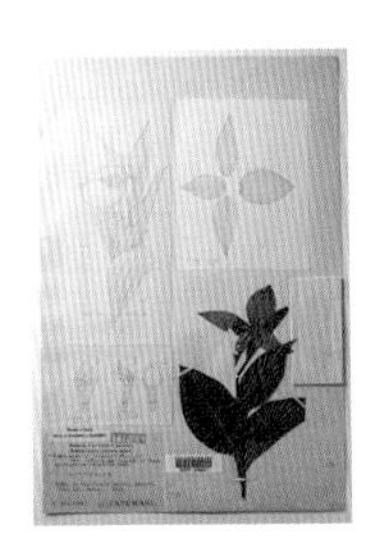

P.33

キジカクシ目ラン科
レクトタイプ?
M. Tatewaki *s.n.*, May 31, 1928, SAPS 36657
礼文島産のものが札幌で栽培され採集

レブンアツモリソウはアツモリソウの変種で、礼文島に特産する。北海道帝国大学で助教授を務めた工藤祐舜によって1925年に発表された後、32年に宮部・工藤によってあらためて正式に記載された。写真の標本は本種のレクトタイプと思われるが、記載時に工藤が赴任していた台湾に異なるタイプ標本が存在する可能性もあり、調査を要する。かつては島内各地に見られたが、盗掘によって個体数が激減した。許可のない採集や販売を禁止する「特定国内希少野生動植物種」に指定され、多くの保全活動や研究が試みられている。

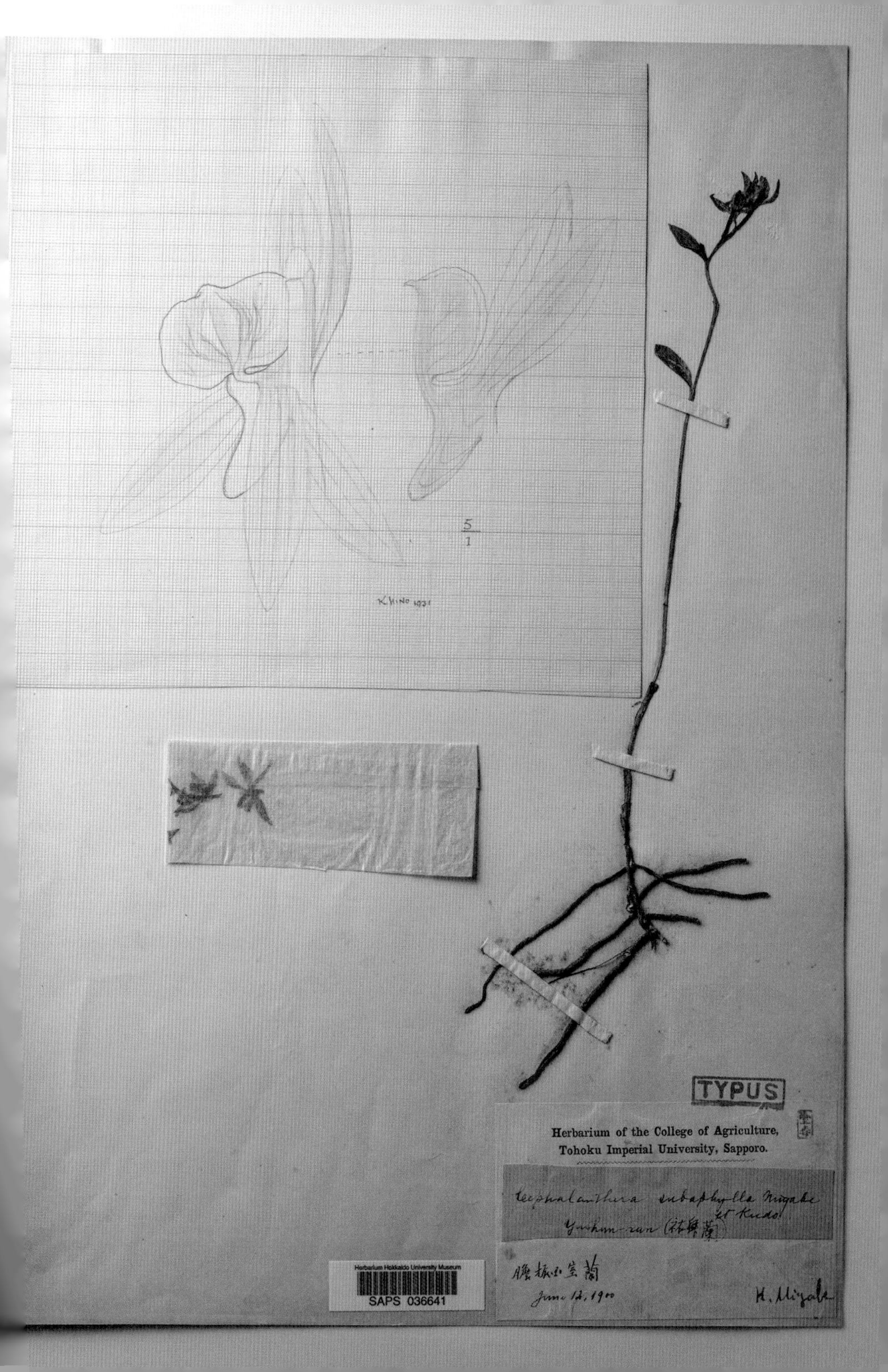
5/1
TYPUS
Herbarium of the College of Agriculture,
Tohoku Imperial University, Sapporo.
Cephalanthera subaphylla Miyabe et Kudo
June 12, 1900
H. Miyabe
Herbarium Hokkaido University Museum
SAPS 036641

Pyrola japonica Klenze ex Alef.
イチヤクソウ
"Haplotype C" in Shutoh et al. (2016, Am. J. Bot. 103: 1618-1629).
Det. Kohtaroh Shutoh, Oct. 4, 2019.

種子袋の中身は
左の株（GPS 353）の
K. Shutoh, May 16, 20

Herbarium of Hokkaido University Museum

Ericaceae ツツジ

Pyrola subaphylla Maxim.

ヒトツバイチヤクソウ

Loc.: Pref. Hokkaido Sapporo-shi (Japan)

Date: 18 Jul. 2018 No.: 3000

Coll.: Kohtaroh Shutoh & Yuko Tajima（首藤光太郎 & 田島裕子）

Note: アルビノ株. Albino mutants; plant white and reddish; on roadside.
左の株（GPS353, 葉を含む） 花2つ, 葉1枚を分
に採取, 標本の葉は隣の株（花茎とは別シュート）.
右の株（GPS354） 花2つ, 葉1枚を分析用に切

009

ユウシュンラン

Cephalanthera subaphylla Miyabe et Kudô

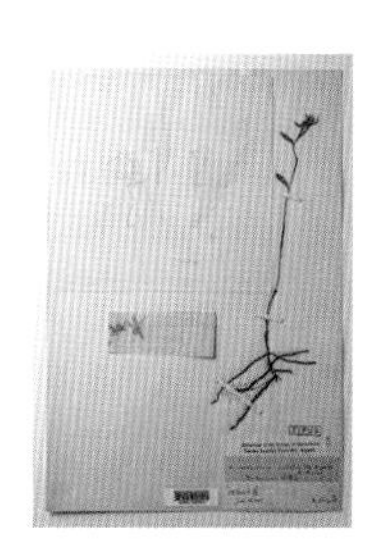
P.35

キジカクシ目ラン科
ホロタイプ
K. Miyabe *s.n.*, June 12, 1900, SAPS 36641
室蘭で採集

ユウシュンランは、近縁なギンランと比べ葉が極端に縮小するのが特徴の多年草。菌類への寄生(菌従属栄養)と光合成を同時に行うギンランより、菌への寄生度を高めて生育していることが知られている。本種の和名は、台湾で44歳の若さで急逝した工藤祐舜に因む。工藤が没した約2カ月後の1932年3月に、宮部金吾によって、このホロタイプを引用して記載・命名された。論文および学名は宮部と工藤による連名となっており、論文内で宮部は「工藤の思い出とともに和名を命名した」と記した。

010

イチヤクソウのアルビノ株

Pyrola japonica Klenze ex Alef.

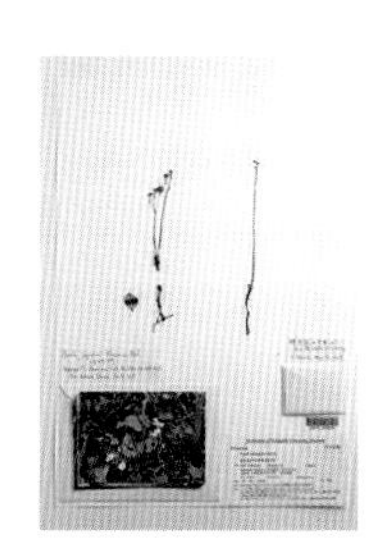
P.36

ツツジ目ツツジ科
Shutoh *et al.*(in press, *American Journal of Botany*)の証拠標本
K. Shutoh & Y. Tajima 3000, July 18, 2018, SAPS 53508
札幌市内で採集

イチヤクソウも、菌従属栄養と光合成を同時に行う部分的菌従属栄養植物である。そのため、緑葉を失った白化個体(アルビノ)となってもある程度成長できる。この標本により、部分的菌従属栄養種のアルビノが、ラン科以外の種子植物から初めて報告された。アルビノは、菌従属栄養植物の進化を研究する材料としてよく用いられることから、同様の研究がラン科との比較からさらに進むことが期待される。標本の作成過程で残念ながら白色が失われてしまったため、採集当時の写真を添付した。また分析に使用するため、葉、花、根などが一部切断されている。

※盗掘防止のため詳細な採集地を隠した

01 未来へつなぐ標本固定テープ

明治時代に近代植物学が日本に入って以来、営々と作られ続けている腊葉(押し葉)標本。植物を台紙に固定するため、かつては和紙を切って糊を付けたり、粘着シールを帯状に切ったりして貼っていた。

革新的な"発明"が行われたのは1972年(昭和47年)のこと。国立科学博物館の元植物研究部長・金井弘夫がヒートシールを用いた標本貼付法の原理を考案し、74年に新しい貼付法として発表した。それは、ポリエチレンをラミネートした紙テープにコテで熱をかけて粘着させるもの。このテープは、ラミントンテープの名称で市販された。熱をかけるコテはハンダ付けのコテと同じ原理だが、植物標本専用の温度調節ができる。

北大総合博物館では、おもにボランティアによって植物標本を台紙に貼る作業が行われている。花や果実などの分類上重要な器官をテープで隠してしまうことのないよう細心の注意を払って固定されていく。

熱をかけて植物体を傷めないように配慮するのは当然のこと。さらに、標本は美しくなければならない。配置には"美的センス"が問われる。

テープを貼る量が少ないと標本を台紙にうまく固定することができず、逆に多すぎると柔軟性が失われ、標本が損傷しやすくなってしまう。適切な位置にバランスよくテープを配置する熟練の腕が求められる。

顔も知らない、はるかな未来の研究者が、1点の標本から新しい知見を開くかもしれない。テープは、未来への贈り物をそっと包むリボンだ。(北室)

植物学講座の祖

[博物学者列伝①]

宮部金吾

MIYABE Kingo
1860〜1951

北大植物学講座の礎を作った宮部金吾は、札幌農学校を卒業し、同校で助教、東北帝国大学農科大学および北海道帝国大学で教授を務めた。北大植物園の計画立案に関わり初代園長を務めたことや、札幌市名誉市民の第1号となったことなどで知られ、北大における自然史研究のみならず、北海道と札幌市の開拓の歴史を語る上で欠かせない人物の一人である。植物分類学のほか植物病理学、海藻分類学、菌類学の分野でも業績を残しており、植物学者というより博物学者と呼ぶのが相応しい。

イトイバラモ*Najas yezoensis* Miyabeのように学名の末尾につく"Miyabe"は、宮部によって記載されたこと、ビロードスゲ*Carex miyabei* Franch.のように種小名が"*miyabei*"などとなっているものは宮部に献名されたことを示す。また、蘚類(コケ)には属名に宮部が献名されたミヤベゴケ属*Miyabea*が知られており、この属をタイプとするミヤベゴケ科(Miyabeaeceae)も2009年に提案された。このほか魚類では、宮部が第一発見者であることから献名されたミヤベイワナ*Salvelinus malma miyabei* Oshima, 1938が道東の然別湖に特産する。さらに、千島列島の択捉島とウルップ島の間に引かれた分布境界線を、舘脇操が「宮部線」と命名している。

江戸に生まれ、1877年(明治10年)に札幌農学校に2期生として入学した。この時の同期に内村鑑三、新渡戸稲造がおり、卒業後も付き合いがあったことがよく知られている。また1878年には3人でメソジスト教会のハリス宣教師から洗礼を受けたこともよく知られている。札幌農学校を卒業後、開拓使により東京大学に派遣され、東大理学部生物学科植物学教室初代の教授である矢田部良吉のもとで植物学を学んだ。助教として札幌農学校に戻ったのは1883年(明治16年)。その後1884年に道東および千島列島への調査旅行を行った。

この旅行中に日高で採集したカエデ属の標本をロシア・サンクトペテルブルグ植物園(現コマロフ植物学研究所)のカール・ヨハン・マキシモヴィッチ(1827〜1891)に送ったところ新種として認められ、クロビイタヤ*Acer miyabei* Maxim.が記載された。本種は札幌キャンパス経済学部前や植物園の博物館前に植栽され、また植物園のロゴマークにもなっている。1886年(明治19年)からはアメリカ・ハーバード大学に留学し、エイサ・グレイ(1810〜1888、植物)とウィリアム・ギルソン・ファーロー(1844〜1919、藻類および菌類)に師事、博士号を取得して帰路についた。帰途でヨーロッパをめぐり、サンクトペテルブルグでマキシモヴィッチと面会した。

1889年(明治22年)に帰国後、農学校教授、植物園主任(後に初代園長)を務め、伊藤誠哉、舘脇操、半澤洵、三宅勉といった優れた研究者を育てた。1903年(明治36年)に札幌農学校に開館した標本庫の陸上植物標本が、工藤祐舜を経て舘脇に受け継がれ(現在の陸上植物標本庫SAPSに収蔵)、菌類標本が伊藤へ引き継がれた(菌類標本庫SAPAに収蔵)ことは、宮部の指導力の高さを物語っているように思われる。ちなみに、海藻標本は理学部の山田幸男に受け継がれ、現在の同藻類標本庫(SAP)に収蔵されている。

1927年(昭和2年)の退官後も北海道帝国大学名誉教授として研究を続け、日本学士院会員(1930年)、文化勲章受賞(1946年)、札幌市名誉市民(1949年)などの数々の栄誉を受け、51年(昭和26年)にその生涯を閉じた。36年に宮部の喜寿を祝うために撮影された映像が残されており、館内で展示されている。また36年には日本植物学会の会長を務め、32年に行われた創立50周年大会の記念写真では、三好學とともに最前列中央に写っている。当時の植物学会において宮部が重鎮であったことが伺える。

主な著作に「The Flora of the Kurile Islands」(1890年、博士論文)、『アイヌ有用植物』(1893年)、『北海道産昆布科植物』(1902年)、「Flora of Sakhalin」(1915年)、『北海道主要樹木図譜』(1920〜1931年)などがある。生涯を通じて、維管束植物だけでもおよそ130分類群の学名を新たに記載した(International Plant Names Index https://www.ipni.org/を用いて計数した)。執筆のために用いられた標本のほとんどが、現在も植物標本庫で保存されている。また、宮部が所有した一部の書籍や、当時の標本庫に置かれていたと思われるマキシモヴィッチの肖像画などの一部の備品も現在の標本庫に残されている。

宮部が作成した標本は、時代を考慮すれば十分な情報がラベルにあり、状態がよく美麗なものが多い。それらと並べて恥ずかしくない標本を作成し、ともに収蔵していきたいものである。

経済学部の前に植栽されたクロビイタヤ*Acer miyabei* Maxim.

宮部の意志継ぎ、自然保護にも力

［博物学者列伝②］

舘脇操

TATEWAKI Misao
1899〜1976

宮部金吾から標本庫の管理を引き継いだのは、東北帝国大学農科大学から北海道帝国大学時代に宮部のもとで助教授を務めた工藤祐舜(1887〜1932)だったが、工藤は東京大学出身で、在外研究員として海外に旅立った1925年(大正14年)にはまだ宮部が在職中であった。これを踏まえると、宮部の意志を継いだ後継者は舘脇操であると言えるだろう。

神奈川県横浜市出身で、宮部のもとで植物学を学び、工藤が旅立つ1年前の1924年に北海道帝国大学農学部を卒業した。この後、農学実科講師から農学部教授を歴任し、56年からは植物園の園長も兼任した。植物分類学および植生学を専門とし、国の天然記念物に指定されている黒松内町歌才のブナ林や、阿寒湖のマリモの保全にも取り組んだ。

植物分類学の分野では、天塩地方に特産するサクラソウ科のテシオコザクラ*Primula takedana* Tatew.や、利尻島とサハリンに分布するハマウツボ科のベニシオガマ*Pedicularis koidzumiana* Tatew. et Ohwiなどの発見・記載または植物の分類学的再検討を行った。学名の末尾につく"Tatew."は舘脇が記載したことを示す略記であり、宮部と共同で発表したために"Miyabe et Tatew."のように両者が併記されていることも多い。1928年(昭和3年)のヒダカソウ*Callianthemum miyabeanum* Tatew.の記載では、"日高植物の探究の緒を印されし恩師"として宮部に献名した。

植生学の分野では、道内各地およびサハリンなどを中心として、特に森林植生の記載を行った。56年から66年にかけては、当時の弟子らと共同で、北海道だけでなく東北から屋久島までの国内各地をめぐり、森林植生をまとめた全10編にも及ぶ論文『日本森林植生図譜(Ⅰ〜Ⅹ)』を執筆した。58年に出版されたⅣでは、歌才のブナ林を含めた道南に分布する北限地帯のブナ林の植生が扱われており、戦時中である1944年(昭和19年)に進められた歌才のブナ林の伐採計画に抗議し、最終的に計画を撤回させたこともある。

サハリンの中央に引かれる生物分布境界線であるシュミット線を命名したのは工藤祐舜(1927年)であるが、この後にこの地域の植物地理学に注目し、分布境界線や植物区系を新たに命名したのは舘脇である。ウルップ島と択捉島の間に引かれた植物の分布境界線である「宮部線」は、舘脇によって1933年(昭和8年)に提案された。

カムチャツカ半島からウルップ島までは高木種がほとんど見られず

固有種も少ない一方で、択捉島以南ではドロノキやシラカンバなどの高木種に加えてエゾマツ林やトドマツ林などの針葉樹林が見られることに注目した。またスウェーデンに滞在した経験から、上記のような択捉島以南に見られる森林に類似するものがヨーロッパにも存在することを見出し「汎針広混交林」と呼称した上で、この森林が存在する地域の植物区系を「*Tatewakia*」と呼ぶことを提案した。さらに、カムチャツカ半島とその東側のコマンドルスキー諸島の間に引かれたフルテン線も、スウェーデンの地理学者に因み舘脇が命名した。

61年に退職し名誉教授となった後は、卒業研究で舘脇の指導を受け、その後も親交があった五十嵐恒夫(農学部名誉教授)とともに天塩演習林、野幌森林、阿寒国立公園で研究を続けた。また道内における国立・国定公園の設置や景観維持にも大きく貢献し、北海道文化賞、日本農学賞、北海道新聞文化賞などを受賞した。

伊藤浩司、河野昭一、辻井達一、遠山三樹夫らをはじめとして、舘脇も多くの著名な植物研究者を育てた。北海道における植物相・植生の研究は、環境科学院に異動した後も標本庫の管理・運営を務めた伊藤と、農学部教授・植物園長を歴任した辻井らに引き継がれることとなった。宮部同様、舘脇も優れた教育者であったといえるだろう。舘脇の略歴、人柄、研究内容などは五十嵐によって詳細にまとめられ、当館ボランティアニュース No.42〜44で連載された。本稿は、この連載を参考としている部分が多い。

研究キャリアの前半は宮部のもとで植物分類学に勤しみ、戦後の後半生では植生学に業績を残した印象が強い。宮部同様に多くの著作を残し、上記の『日本森林植生図譜』の他に代表的な著作として、宮部と共著で執筆された全14篇にわたる『北日本植物誌料』(1933〜44)などが挙げられる。

生涯にわたり多くの植物標本を作成し、そのほとんどが当館に収蔵されている。しかし一部は未整理状態であり、作成した総標本点数は不明である。今後の整理によってコレクションの全貌が見えてくることを期待したい。

※本項の標本選択や原稿の執筆にあたり高橋英樹名誉教授の教示を受けた。記して感謝申し上げる。

舘脇によって記載され宮部に献名されたヒダカソウ。北大北方生物圏フィールド科学センター植物園で系統保存されたもの(2016年4月26日、撮影／中村剛)

標本100選 02

菌類

◎菌類

小林孝人（北海道大学総合博物館研究員）

農学部から移管された17万7千点

百年前の液浸標本も

北大総合博物館に菌類標本を専門に収蔵する標本庫がある。1876年（明治9年）創設で元来は北大農学部にあり、植物病理学講座が管理してきたが、2000年に北大総合博物館に移管された。現在、カビ・きのこの標本が保存されていて、17万7千点に及ぶ資料がある。これらには、宮部金吾、伊藤誠哉、村山大記、今井三子、大谷吉雄らの研究した標本が含まれている。

菌類とは狭義には真核菌類のことで、バクテリアを含まない。真核菌類には鞭毛菌類、接合菌類、担子菌類および不完全菌類などがある。カビ・酵母・キノコの類が入り、葉緑素を含まず光合成を行わない。一般に、栄養体は菌糸と呼ばれる枝分かれした糸状の細胞からできている。細胞壁はキチン質またはセルロースからなり、他の動植物体に寄生または腐生し、分解者としての役割を担っている。

標本の保存方法は乾燥標本と液浸標本が大半で、凍結乾燥標本もある。きのこ類には主に送風乾燥機で作成した乾燥標本が多いが、カビが生える可能性があるので注意を要する。液浸標本はホルマリン浸けが多く、液が乾かないようにしなければならないが、標本になってからカビが生えることはない。後述のオオキヌハダトマヤタケの液浸標本は1921年（大正10年）採集の古いものだが、カビの混入はなく、きれいな状態が保たれていた。

樺太、朝鮮、台湾でも採集

当館菌類標本庫は、国際的にはSAPA（サパ）の略称で呼ばれ、研究の証拠標本がSAPAに入っていると論文に書かれる。

重要なコレクションに宮部金吾の標本がある。植物学者の宮部金吾は、北大の菌類研究の元祖でもある。宮部の業績は、植物分類学、海藻学、植物病理学、菌学というように多岐にわたった。

菌類についてはハーバード大学でファーロー教授の指導を受け（1886～1889）、

留学中に水生菌*Saprolegniaceae*の研究を行った。帰国後も菌類の研究を継続し、甜菜斑点病、種々の果樹病、小麦の銹（さび）病などを検討した。同時に北大で後進の指導にもあたり、多くの菌学者や植物病理学者を育てた。その研究の一部を並べてみると、高橋良直のホップ露菌病菌*Peronoplasmopara*、山田玄太郎のリンゴ赤星病病原菌*Gymnosporangium*、三宅勉・伊藤誠哉らの銹病菌*Puccinia*、平塚直治の亜麻立枯病病原菌*Fusarium*、本間ヤスのウドンコカビ科*Erysiphaceae* 他があげられる。

宮部金吾の後継者が伊藤誠哉である。伊藤は北大の総長になり、法学部や教育学部を創設した。専門の菌学・植物病理学では稲熱病を研究した。後に『日本菌類誌』を執筆し、藻菌類、担子菌類を終え、子嚢菌類に着手して他界した。

伊藤の後に日本菌類誌を引き継いだのが大谷吉雄である。大谷は北大・北海道教育大学・国立科学博物館で研究を行い、特に子嚢菌類を専門とし、盤菌綱(チャワンタケの仲間)を詳しく調べた。1988年(昭和63年)に大谷吉雄著『伊藤誠哉　日本菌類誌』第3巻第2号(子嚢菌類;ホネタケ目、ユーロチウム目ハチノスカビ目ミクロアスクス目、オフィオストマキン目ツチダンゴキン目ウドンコキン目)が、95年(平成7年)に『日本菌類誌』第3巻第3号(子嚢菌類;ソルダリア目ディアポルテ目)が出版された。

多くのこれらの研究の証拠標本が当館菌類標本庫に残されている。標本には日本のみならず樺太、千島、朝鮮、台湾からの採集品がある。新種や新亜種・変種・品種の引用標本であるタイプ標本(基準標本)も見られ、世界的にも菌類研究者なら調査しなくてはならない貴重なものである。

P.44左／研究室で文献を前に写真に収まる宮部金吾(中央)ら(1900年ごろ)
P.44右／ハラタケ目アミガサタケなどの研究で知られる今井三子
P.45／現在の標本棚中の標本。乾燥標本は紙のポケットに包まれている

ヘビキノコモドキ

Amanita spissacea S. Imai

真菌門真正担子菌鋼ハラタケ目テングタケ科テングタケ属
選定基準標本(Lectotype)
SAPA 10000012
1926年9月26日、江別市野幌で今井三子が採集

011

死に至る強毒性の可能性

テングタケ属は通常、つばとつぼを持つ立派なきのこが多い。つぼは膜質、粉状、またはいぼ状と表現され、種類によっては早落性とされている。ヘビキノコモドキは膜質のつばを有するが、つぼが黒赤褐色または類灰黒色で粉状である。典型的なテングタケ属菌は、これらの肉眼的特徴を持つ。近縁なヘビキノコ*Amanita spissa* (Fr.) Kummerとはヘビキノコモドキが黒赤褐色または類灰黒色なつぼを持つのに対し、ヘビキノコのつぼが類白色〜灰色な点で異なる。また、ヘビキノコモドキの柄は灰褐色で、ほぼ白色の柄を持つヘビキノコと区別できる。テングタケ属は顕微鏡的には球形〜円柱形な胞子で特徴づけられる。

本標本の胞子を顕微鏡でみると、形状は類球形〜球形で色はほぼ無色、メルツァー液の中でわずかに青色、つまりアミロイド反応を示し、大きさ6.8〜7.8×6.0〜7.0μmである。近縁なテングタケ属菌*Amanita spissa* var. *valida* (Fr.) E.-J. Gilbert(和名なし)とは、ヘビキノコモドキの球形な胞子と広〜倒卵形の柄の基部によって区別できる。今井三子は1933年、本菌にヘビキノコモドキ*Amanita spissacea* S. Imaiの名称を与え、現在もこの和名と学名が使われている。

本標本は、今井が本新種を日本のジャーナルである「植物学雑誌」に報告した時の証拠標本である。このような標本を基準標本と呼び、今回は証拠標本が複数ある場合なので、選んだ基準標本である選定基準標本という。1926年採集の本選定基準標本が本館菌類標本庫に保存されていて、今日でも顕微鏡観察ができ、特徴を確認できたことは重要なことである。

本菌の食毒は不明だが、似た種類で前述のヘビキノコが有毒なので、こちらも毒の可能性が高く注意を要する。同じ属のドクツルタケ*Amanita virosa* (Fr.) Bertillonが1本食べれば死に至るほど毒性が強いので、試食はやめた方がよい。

012

ポプラトマヤタケ

Inocybe populea Takahito Kobayashi et Régis Courtecuisse

真菌門真正担子菌鋼ハラタケ目アセタケ科アセタケ属
従基準標本(Paratype)
SAPA TAKK 1565-2
1991年10月14日、滋賀県大津市御陵町で小林孝人が採集

ポプラの樹下に発生

ポプラトマヤタケはポプラの樹下に生えるアセタケ属菌である。トマヤタケはアセタケの別な呼び方である。「とまや」の由来は苫屋形のかさの形と繊維状なかさの表面である。

ヤナギ属樹下にも発生し、ポプラとヤナギ属は同じヤナギ科に所属するため、ヤナギ科の樹木と菌根を作っていると推察される。菌根とは、きのこの菌糸と樹木の根が地下で共生し、菌が光合成産物を得て植物が水分や窒素をもらうことで、ほとんどのアセタケ属菌が菌根菌である。ポプラトマヤタケは札幌からも採集され、やはりポプラの樹下に発生した。ポプラトマヤタケの場合は菌糸がヤナギ科樹木と共生しているのであろう。

ヨーロッパにポプラトマヤタケに似た*Inocybe salicis* Kühnerが知られ、ヤナギ属樹木に関連して生える。筆者の知る限り、ポプラの樹下からの採集記録はないようだ。顕微鏡的にも、ポプラトマヤタケが顕著なこぶを胞子に持つのに対し、*I. salicis*は低いこぶしか持たない。胞子の大きさも本標本は8.0〜10.3×6.8〜8.5μmで*I. salicis*より小さかった。ヴァウラスとラルソンは、筆者採集のポプラトマヤタケ標本(TAKK 1565-5)を実験に用いてリボソームRNAの一部の塩基配列を調べた。*Inocybe salicis*の塩基配列と比較した両者のデータを含むアセタケ属菌から得られた系統樹から、ポプラトマヤタケと*I. salicis*は別なものと示唆された。

アセタケ属菌の特徴に特殊な細胞(異形細胞)がある。主にひだにあり、柄やかさの表面にもある。きのこ一般にシスチジアと呼ばれるが、アセタケ属の中で細胞膜が肥厚し、先端に結晶を持つタイプのシスチジアをアセタケ型シスチジア(メチュロイド)という。このメチュロイドの形態がアセタケ属菌を分類する根拠に使える。ポプラトマヤタケのメチュロイドは紡錘形で*I. salicis*のものと同様である。両者が近縁である由縁である。

138
138
HERB. SANSHI IMAI.
(NIPPON)
Type
Hygrophorus carnescens Imai
Loc. Prov. Ishikari, Nopporo Forest
Date Sept. 28, 1930. Coll. by S. Imai
No.
Det. by
SAPA 10000043
HERB. SANSHI IMAI.
(NIPPON)
Hygrophorus carnescens Imai
Loc. Prov. Ishikari, Nopporo Forest
Date Oct. 30, 1938. Coll. by S. Imai
No.
Det. by
HERB. SANSHI IMAI.
(NIPPON)
Hygrophorus carnescens Imai
Loc. Prov. Ishikari, Nopporo Forest
Date Oct. 19, 1938. Coll. by S. Imai
No.
Det. by
Hokkaido (Ishikari)

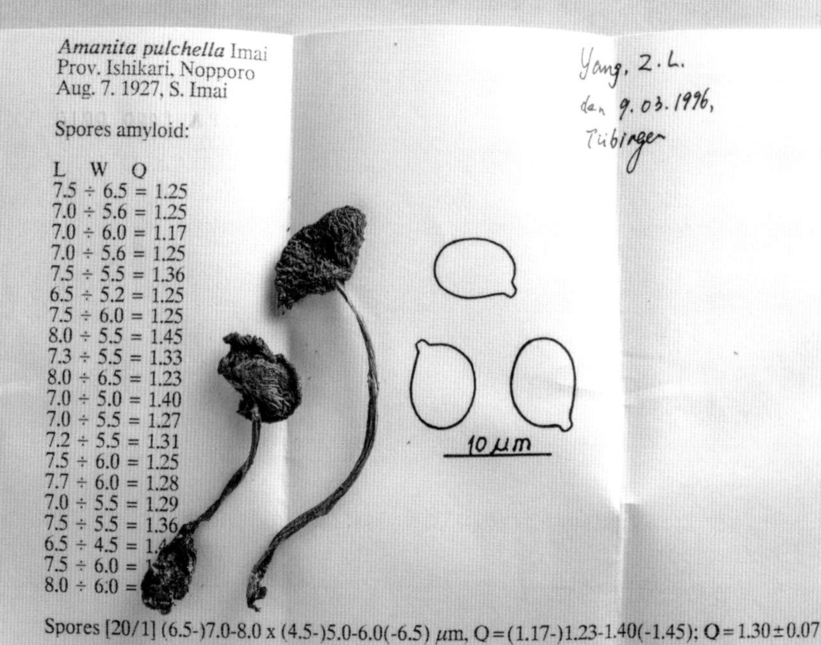

Amanita pulchella Imai
Prov. Ishikari, Nopporo
Aug. 7. 1927, S. Imai

Spores amyloid:

L W Q
7.5 ÷ 6.5 = 1.25
7.0 ÷ 5.6 = 1.25
7.0 ÷ 6.0 = 1.17
7.0 ÷ 5.6 = 1.25
7.5 ÷ 5.5 = 1.36
6.5 ÷ 5.2 = 1.25
7.5 ÷ 6.0 = 1.25
8.0 ÷ 5.5 = 1.45
7.3 ÷ 5.5 = 1.33
8.0 ÷ 6.5 = 1.23
7.0 ÷ 5.0 = 1.40
7.0 ÷ 5.5 = 1.27
7.2 ÷ 5.5 = 1.31
7.5 ÷ 6.0 = 1.25
7.7 ÷ 6.0 = 1.28
7.0 ÷ 5.5 = 1.29
7.5 ÷ 5.5 = 1.36
6.5 ÷ 4.5 = 1.4
7.5 ÷ 6.0 = 1
8.0 ÷ 6.0 =

Yang, Z. L.
den 9.03.1996,
Tübingen

Spores [20/1] (6.5-)7.0-8.0 x (4.5-)5.0-6.0(-6.5) µm, Q = (1.17-)1.23-1.40(-1.45); Q = 1.30 ± 0.07

160.

HERB. SANSHI IMAI. Type

Amanita pulchella Imai

Prov. Ishikari, Nopporo
Aug. 7, 1927. S. Imai

013

ヒメノカサ

Camarophyllus carnescens (S. Imai) S. Ito

P.50

真菌門真正担子菌鋼ハラタケ目ヌメリガサ科オトメノカサ属
正基準標本（Holotype）
SAPA 10000043
1930年9月28日、江別市野幌で今井三子が採集

オトメノカサ属はひだの実質が錯綜型なことで特徴づけられる。本標本の胞子は楕円形でほぼ無色、非アミロイド、大きさ5.3～6.0×3.3～5.0μm。今井三子は本菌を*Hygrophorus carnescens* Imaiと名付けたが、後に伊藤誠哉がオトメノカサ属*Camarophyllus*に移し、*Camarophyllus carnescens* (S. Imai) S. Itoになった。

今井による原記載によると、本菌のひだは湾生し、オトメノカサ属菌は通常ひだが垂生するため、本菌は属の中で例外的な特徴を持つ。

014

ココガネテングタケ

Amanita pulchella S. Imai

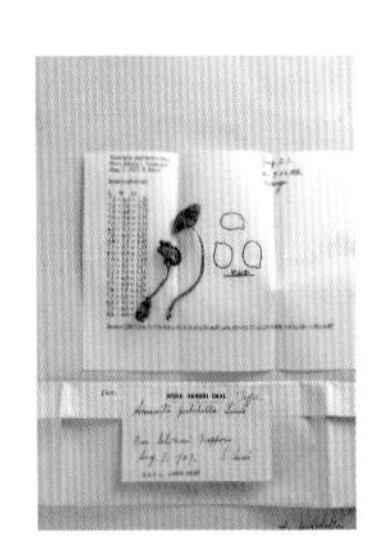

P.51

真菌門真正担子菌鋼ハラタケ目テングタケ科テングタケ属
正基準標本（Holotype）
SAPA 10000010
1927年8月7日、江別市野幌で今井三子が採集

テングタケ属は通常つばとつぼを持ち、球形～円柱形の胞子で特徴づけられる。本標本の胞子は楕円形から類球形でほぼ無色、アミロイド、大きさ8.8～10.5×6.0～8.8μmである。しかし、明瞭なつぼは原記載中に書かれていない点で、テングタケ属の中で特徴的である。写真には、標本を顕微鏡観察した時の所見を書いたアノーテーションカードが写っている。書いたのは当時ドイツ・チュービンゲンにいたヤンである。胞子がアミロイドで筆者の観察と一致し、大きさはやや小さく計測されている。カード中のLは胞子の長さ、Wは胞子の幅、Qは縦横比である。

015

タマゴテングタケモドキ

Amanita longistriata S. Imai

P.53

真菌門真正担子菌鋼ハラタケ目テングタケ科テングタケ属
選定基準標本(Lectotype)
SAPA 10000009
1935年8月12日、北大植物園で今井三子が採集

本標本は保存状態が悪く、残念ながらひだが残っていないので、子実体(きのこ)からの胞子の顕微鏡観察はできなかった。しかし同じ採集地から、今井三子により1935年8月13日の日付で本菌の胞子紋が別の標本(No.388)として残されている。この胞子紋はNo.10000009から得たものと考えられる。この胞子紋標本(No.388)の胞子は球形から類球形で平滑、非アミロイド、大きさ9.5～12.3×8.3～10.8(～12.3)μmである。更に肉眼的形質として、ひだが成長して最後にやや肉色になることが本菌を特徴づけている。

016

チャナメツムタケ

Pholiota lubrica (Pers.: Fr.) Sing.

P.54

真菌門真正担子菌鋼ハラタケ目モエギタケ科スギタケ属
1932年10月30日、札幌市定山渓一の沢で今井三子採集

スギタケ属は通常湾生、ときに上生～やや垂生し、成熟時、帯褐色のひだを持つ。胞子は平滑、楕円形～ソラマメ形で黄褐色。縁シスチジアは常に存在し、しばしばクリソシスチジア(黄色の内容物を含む異形細胞)を持つ。本標本の胞子は長楕円形～ソラマメ形で黄褐色、大きさ6.0～8.0×2.8～4.0μmである。クリソシスチジアは40～59×7.0～10.0μm、狭紡錘形で弱く槍形。今井三子は本菌に新組み合わせ*Gymnopilus lubricus* (Fr.) S. Imaiを与えたが、現在はチャツムタケ属*Gymnopilus*属ではなくスギタケ属*Pholiota*に所属させられている。

017

カラハツタケ

Lactarius torminosus (Schaeff.) S. F. Gray

真菌門真正担子菌鋼ハラタケ目ベニタケ科チチタケ属
1924年9月28日、江別市野幌で今井三子が採集

標本写真はP.56

チチタケ属は、子実体を傷つけると乳液を分泌することで、同じベニタケ科のベニタケ属と異なる。ベニタケ属との区別点は、ひだの実質に球形細胞を欠く点とされ、本試料のひだに球形細胞はなかった。本種の乳液は白色で、何分かしても色が変わることがなく、味はきわめて辛い。辛さのためか、食用に不適とされている。標本ラベルに*Lactarius torminosus* (Schaeff.) Fr.と書かれている。しかし、ここでは*Lactarius torminosus* (Schaeff.) S. F. Grayと記している。S. F. Grayが、フリース(Fr.はE. M. Friesのこと)より先にカラハツタケをチチタケ属に移したことを示す。

018

キホウキタケ

Ramaria flava (Schaeff.: Fr.) Quél.

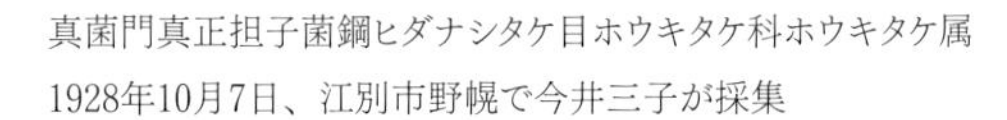

真菌門真正担子菌鋼ヒダナシタケ目ホウキタケ科ホウキタケ属
1928年10月7日、江別市野幌で今井三子が採集

標本写真はP.57

ヨーロッパでは食用とされることもあるキホウキタケだが、人によっては下痢をおこす場合もあるようだ。日本でも軽い中毒(下痢や嘔吐)症状があると言われている。地方によりゆでこぼしてから食べることもあるそうだが、ゆでこぼしても毒は薄まるだけである。今井は本標本をキホウキタケと断定し*Clavaria flava* Schaeff.の学名を記述した。現在はホウキタケ属*Ramaria*に移され、*Ramaria flava* (Schaeff.: Fr.) Quél.になっている。図鑑によっては日本のキホウキタケを再検討の必要があるとして*Ramaria* sp.ホウキタケ属の一種と書いている場合もある。

019

オオキヌハダトマヤタケ

Inocybe fastigiata (Schaeff.) Quél.

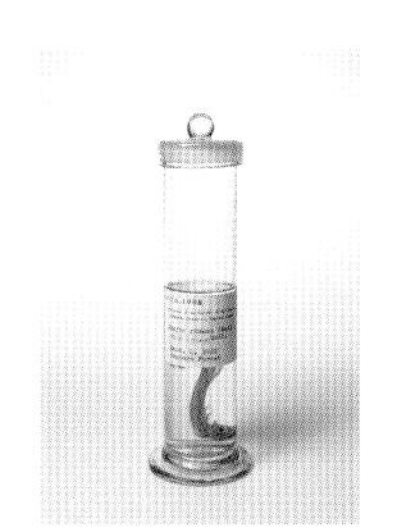

標本写真はP.59

真菌門真正担子菌鋼ハラタケ目アセタケ科アセタケ属
SAPA 1088
1921年9月4日、江別市野幌(採集者不明)

ポプラトマヤタケと同じアセタケ属に所属する。標本は液浸で保存状態が良く、顕微鏡観察ができた。胞子は平滑で楕円形、黄褐色、大きさ9.5〜12.5×5.5〜7.0μm。かさは繊維状で、ひだは褐色と典型的なアセタケ属菌の特徴を示す。標本ラベルには*Inocybe rimosa* (Bull.) Quél.アセタケ ドクスギタケと書かれているが、*Inocybe fastigiata* (Schaeff.) Quél.オオキヌハダトマヤタケと再同定した。研究者によっては*Inocybe rimosa*と*Inocybe fastigiata*を同種と考える場合もあり、混乱している。筆者が原記載図を比較したところ、別な分類群と判断した。

020

ツチチャヒラタケ

Crepidotus terrestris S. Imai

P.60

真菌門真正担子菌鋼ハラタケ目チャヒラタケ科チャヒラタケ属
等価基準標本(Syntype)
1928年10月21日、江別市野幌で今井三子が採集

ツチチャヒラタケは土上に生えるチャヒラタケ属菌である。本属のきのこの多くは樹に生えるが、本種は地面に発生したと記録されている。本標本の胞子の色は銹褐色、胞子の形も長楕円形で、いずれもチャヒラタケ属の特徴を示す。しかし大半のチャヒラタケ属菌の胞子の表面が粗面から針状なのに対し、本種は平滑なのが特徴。胞子の大きさは8.0〜10.0×4.0〜6.5μmと計測され、一般的なチャヒラタケ属菌のサイズである。採集し報告した今井も土に生えたチャヒラタケに驚いたのであろう。和名はその名のとおりで、学名*Crepidotus terrestris*も地上性のチャヒラタケ属菌の意味である。

02 多様な「戦略」染めるメルツァー液

道具箱

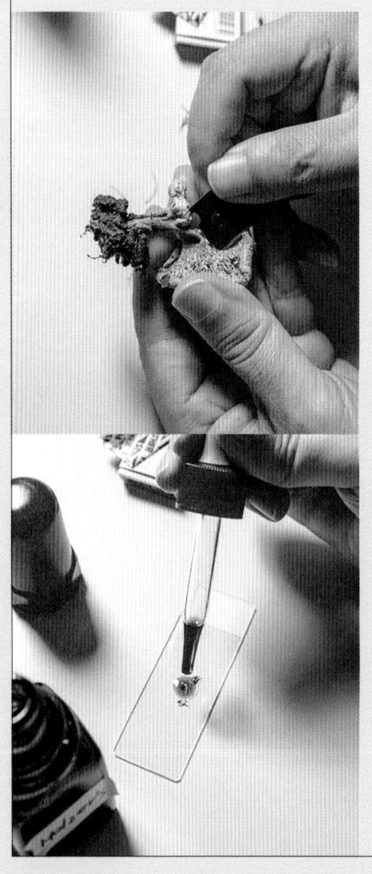

きのこの胞子は数ミクロンと小さく、肉眼で見ることはできない。そのため顕微鏡で観察することになる。メルツァー液は、顕微鏡観察のために胞子を染める試薬だ。スポイトで1滴落とすと、ヨード反応によって胞子膜が青紫色に染まり、胞子の形や模様がはっきりと鮮明に見えやすくなる。

胞子は形といい、模様といい、実に多彩である。形は球形、楕円形はもちろん、紡錘形、円柱形、そら豆形、ウインナーソーセージ形、長針形などさまざま。表面は、いぼ状、こぶ状、とげ状といろいろあり、模様も、網目状、すじ状、脈状とバリエーション豊かだ。それはなぜなのだろう。

きのこの胞子は、あちこちに飛ぶことで子孫を増やしていく。十分な栄養を抱えて飛び出せればいいが、飛ぶには重さも大きさも制約を受けざるをえない。勢いよく飛び出し、確実に着地し、着地点で生存するにはどんな形が適しているのか。胞子の形や模様には、子孫を残すための戦略が秘められている。

そんな胞子の多様性を浮かび上がらせてくれるのがメルツァー液だ。名称は、20世紀初頭のチェコスロバキア出身の菌類学者バァーツラブ･メルツァーに由来している。メルツァーは小中学校の教師をしながら苔や地衣類、大型菌類について学び、その後、最も難しいとされていたベニタケ属の研究をほとんど独学で行った。そして菌類学の大家となった。メルツァー液は、そんなメルツァーが1924年、42歳の時に試行錯誤の末、開発に成功したものである。

生命の姿をわが目でとらえたいという探究心。メルツァー液のひとしずくに、そのエッセンスが凝縮している。（北室）

未完の大著『日本菌類誌』

［博物学者列伝③］

ITOU Seiya
(1883~1962)

伊藤誠哉は北海道帝国大学総長(現在の学長)であった人で、宮部金吾直系の研究者である。

伊藤は1883年(明治16年)8月7日に新潟で生まれた。1901年(明治34年)に札幌農学校予修科に入学、08年(明治41年)東北帝国大学農科大学農学科(現北大農学部)を卒業した。同年東北帝国大学農科大学助手、09年助教授になり、14年(大正3年)北海道農事試験場で北海道庁技師を兼任し、18年(大正7年)に教授になった。

27年(昭和2年)には北海道帝国大学農学部付属植物園長に任ぜられた。35年(昭和10年)に「水稲主要病害第1次発生とその綜合防除法」の題目で日本農学会賞を受け、同年この業績で宮中において天皇陛下にご進講された。41年(昭和16年)農学部長、45年(昭和20年)には北海道帝国大学総長になり、勲一等瑞宝章を贈られた。62年(昭和37年)、79歳で生涯を閉じた。

伊藤の大著作『日本菌類誌』(未完)は、日本の菌類全てについて分類学的検討を加え掲載しようとしたものである。本書の証拠標本が多数、本館菌類標本庫(国際略号SAPA)に残されている。本書について、出版年を追って見て行こう。

35年(昭和10年)に『大日本菌類誌　第1巻(藻菌類)』が出版された。藻菌類とはカビのことであり、卵菌族、接合菌族などが所属する。続いて同じ年に「担子菌類」のシリーズが出始めた。担子菌類とは、担子器という胞子を作る器官があり、その細胞の外に胞子ができる菌類である。

続く第2巻第1号(担子菌類、黒穂菌目)では、伊藤が新種にした黒穂菌属*Ustilago*の菌が掲載されている。黒穂菌目菌は厚膜胞子である黒穂胞子を作り、植物に寄生する。38年(昭和13年)の第2巻第2号(担子菌類、銹菌目、層生銹菌科)に掲載された銹菌目菌は厚膜胞子の一種の冬胞子のほか精子、銹胞子、夏胞子を作る。層生銹菌科菌の夏胞子はたいてい無柄、冬胞子は常に無柄である。

50年(昭和25年)には第2巻第3号(担子菌類、銹菌目、柄生銹菌科、不完全銹菌)が出た。柄生銹菌科菌の冬胞子は柄を持つ。この科の*Puccinia moriokaensis* S. Ito、*Puccinia okatamaensis* S. Ito、そして*Puccinia ishikariensis* S. Itoなどは伊藤が新種記載した菌である。不完全銹菌は冬胞子時代が未だ見つけられず所属不明なものを収めたものである。

55年(昭和30年)には第2巻第4号(担子菌類;キクラゲ目、シロキクラゲ目、アカキクラゲ目、ヒダナシタケ目〈サルノコシカケ目〉)が出版された。59年(昭和34年)の第2巻第5号(担子菌類:マツタケ目、フクキン〈腹菌〉目)ではマツタケ目にナメコタケ*Kuehneromyces nameko* (T. Ito) S. Itoの新組み合わせが提案されている。ナメコは29年に伊藤篤太郎(Tokutarô Ito)博士がモリノカレバタケ属*Collybia*の新種、*Collybia nameko* T. Itoとして記載した。その後、33年に伊藤と今井三子がスギタケ属*Pholiota*に移し、学名を*Pholiota nameko* (T. Ito) S. Ito et Imaiに組み換えた。第2巻第5号ではさらに、センボンイチメガサタケ属*Kuehneromyces*に組み換え直したことになる。

一方、マツタケも掲載されており、学名は*Tricholoma matsutake* (S. Ito et Imai) Sing.とある。これは、伊藤と今井はマツタケに新名*Armillaria matsutake* S. Ito et Imaiを与えたが、Singerがキシメジ属*Tricholoma*に移したということ。

64年(昭和39年)には子嚢菌類のシリーズが出始めた。子嚢菌類とは、胞子を子嚢と呼ばれる袋の中に作る菌類である。第3巻第1号(子嚢菌類;酵母菌目、クリプトコックス目、外子嚢菌目)には酵母菌目にコウボキン属*Saccharomyces*が記載された。クリプトコックス目は、酵母だが接合あるいは胞子を作る能力を失った不完全菌類を収集した便宜上の目である。外子嚢菌目には*Taphrina*(和名なし)がある。

伊藤は本巻の原稿を北大名誉教授・福士貞吉に託されて帰らぬ人となられた。その後、『日本菌類誌』は大谷吉雄に引き継がれたが完結には至っていない。

左／『大日本菌類誌』と『日本菌類誌』
中・右／シラタマタケ*Kobayasia nipponica* (Kobayasi) S. Imai et A. Kawam.の子実体(中)と子実体の断面(右)
=2016年6月26日、手稲山。今井らが命名し、『日本菌類誌』2巻5号にも掲載されている

標本100選 03

藻類

アジアでトップクラスのコレクション

◎藻類

阿部剛史(北海道大学総合博物館准教授)

歴史的標本の大半を収める

北大総合博物館3階中央、アインシュタインドーム西側にある一般立ち入り禁止の扉の奥に、海藻分野としてはアジアでトップクラスの標本コレクションが収蔵されている。国際的な略号はSAPで、陸上植物(SAPS)や菌類(SAPA)よりも“格上”とみなされている(植物標本庫の国際的略称は、規模や歴史があるほうが短い)。

ただし、札幌農学校時代から始まるそれらよりも、実際にはかなり後発で、1931年(昭和6年)設置の理学部植物学科植物学第二講座(植物分類学教室)標本室を母体としている。日本の研究者によって発表された海藻種のタイプ標本は、ほぼすべてここに収められている。登録済み標本約12万点のほか、歴史的経緯から登録番号を付与していない特別なコレクションもあり、未整理標本を含めて約20万点。日本の海藻学の基礎となった歴史的標本の大半が、この標本室に収蔵管理されている。

古い時代の分類学では、生物全体が動物界と植物界の二つに分けられ、植物のうちで花を咲かせないものを隠花植物と呼び、菌類や藻類はここに分類されていた。現在では、菌類はむしろ動物に近く、藻類は動物·菌類間の違いよりもさらに系統的に離れた多数の群を含むことが明らかになっているが、生物としての在り方や人類とのかかわり、培養方法や標本形態といった研究手法の共通性などから、現在でも「藻類学」というまとまった分野として成り立っている。藻類のうち、多細胞性で海に生息するものが海藻類で、この部屋に収められているほとんどは海藻の腊葉標本であるが、淡水藻の腊葉標本や単細胞藻のプレパラート標本も少数ながら含まれる。

東大から北大へ

日本の海藻研究の基礎固めは、明治から大正期にかけて、水産講習所(東京水産大学を経て現在の東京海洋大学)の岡村金太郎によって進められた。当時の北

大(札幌農学校から東北帝国大学農科大学を経て北海道帝国大学)も海藻研究は盛んで、北海道のコンブ類を初めて詳細に明らかにした宮部金吾や、サンゴモ類やホンダワラ類などをはじめとする多くの研究をまとめた遠藤吉三郎の活躍があったが、日本の海藻類を広く網羅的に研究した岡村のいる東京が、当時の海藻研究の中心地であった。

遠藤は、のちに岡村の随筆『海藻學ヲオヤリナサイ』(1927「植物研究雑誌」)で、開拓に例えて岡村が道を作り、遠藤が村落を作ったと書かれたほどの研究業績を上げていたのだが、1921年(大正10年)に満46歳の若さで亡くなった。遺された標本は北大ではなく、母校の東京帝国大学に寄贈された。この時点では、日本の重要な海藻標本の多くは、北海道ではなく東京に集まっていたのである。

この直後に東大の3年次の卒業研究を始めた学生が、のちに北大教授として日本の海藻研究の中興の祖となる山田幸男であった。指導教員は台湾の陸上植物研究で著名な早田文蔵だが、遠藤の遺した豊富な文献と標本を使い、同じ東京にいる岡村の薫陶を受けた。1930年(昭和5年)に助教授として着任、翌年には教授に昇任し、多くの門下生を育て上げ、日本の海藻研究を大いに発展させた。

1935年(昭和10年)には岡村が亡くなり、海藻標本は山田が受け継いだ。宮部の海藻標本は農学部で管理されてきたが、現在では当館に移管されている。遠藤の海藻標本は東大所有のままだが、研究者の便宜のために北大に永久貸与されている。

当館の海藻標本コレクションは、山田に始まる理学部植物分類学教室から、現在の理学院自然史科学専攻多様性生物学講座IIの、教職員や学生が研究対象にしてきた海藻標本が主軸となっている。標本を利用する研究者にとっては1カ所にまとまって収蔵されているほうが便利であるため、ここから他大学や水産試験場などに赴任した研究者らの標本も、多くは当館に収められている。日本列島のほか、台湾や東南アジア、ミクロネシアなど西太平洋の標本が特に充実している。

P.66左／岡村金太郎(左)と山田幸男。1933年、山田教授室で
P.66右／現在の標本室。木製標本棚は何度か増設されたが、創設当時のものも引き継がれており、旧理学部長室(P.237右)の壁とデザインに共通性がみられる
P.67／タイプ標本庫。万一の火災消失を避けるため、木製棚ではなく耐火金庫を使用している

021

ナガコンブ

Saccharina longissima (Miyabe) Lane, Mayes, Druehl et Saunders

褐藻綱コンブ目コンブ科
Herb. Miyabe in SAP
1894年7月、北海道厚岸で宮部金吾が採集

最モ長キ混布

札幌農学校教授の宮部金吾は北海道庁の委嘱を受け、1894年(明治27年)に北海道沿岸を回って各地のコンブ類を詳細に調査した。このときに採集された標本の一つである。調査報告書は1902年(明治35年)に発表され、北海道(千島列島を含む)沿岸に9属26種のコンブ類が分布することを明らかにし、特徴や産地などが詳しく記録されている。その中にはリシリコンブ、ナガコンブ、ガゴメなど13の新種が含まれ、それまで断片的にしか知られていなかった北海道のコンブ類が初めて体系的に分類された。学術上の貢献はもちろんであるが、当時まだ混乱していた北海道各地のコンブの名前やその製品規格を統一するためにも大きく役立ち、コンブ漁業の基礎を確立するうえでも拠り所となった。

本種ナガコンブは、だし用途には向かないが、昆布巻きやおでん、佃煮などに広く用いられ、日本産のコンブのうち生産量がもっとも多い。釧路・根室から北方領土にかけて分布し、長さは平均7〜8m、最大15m以上にも達する。写真の標本も通常の4倍の大きさの台紙(約54×78cm)で作成されているが、それでも入りきらず、先端部分が省略されている。

日高昆布として知られるミツイシコンブに近縁で、ラベルにも*Laminaria angustata* Kjellm. var. *longissima* Miyabeと書かれており、宮部自身も発見当初は、独立種ではなくミツイシコンブの変種であると考えていたことが分かる。その後の研究で、単に長いだけではなく胞子嚢のでき方や内部構造も違うことを見つけ、報告書には“一見容易ニ判別スルコトヲ得(中略)「ラミナリヤ、ロンジシマ」(最モ長キ混布ノ義)ノ名ヲ附シ新種トナス”と述べられている。なお、日本のコンブは長い間*Laminaria*属に分類されていたが、近年の分子系統解析により、ゴヘイコンブ以外は*Saccharina*属に移された。

Herbarium of the Faculty of Agriculture,
Hokkaido Imperial University, Sapporo.
Laminaria angustata Kjellm
var. longissima Miyabe
釧路 厚岸
July. 1894
K. Miyabe

HERBARIUM
FACULTY OF SCIENCE, HOKKAIDO UNIVERSITY
SAP

Acetabularia ryukyuensis Okamura et Yamada

かさのり

1990-3-9
沖縄辺野古

leg. et det
吉田忠生

022

ルモイイワノカワ

Peyssonnelia rumoiana Kato et Masuda

P.70

紅藻綱イワノカワ目イワノカワ科
ホロタイプ
SAP 93406
2000年8月13日、北海道留萌市で加藤亜記が採集

ペイントされた小石に見えるが、この濃桃色の斑点が海藻で、海藻サラダに入っているツノマタと広い意味では近縁である。日本海沿岸に広く分布する。海藻類の標本は、基本的には腊葉(さくよう)(押し葉)標本として保存する。液浸標本などよりも長く百年単位の保存が可能であるし、立体的な標本と違って書類のように分類群・学名順に標本棚に収蔵できるため、台帳を調べなくても目的の標本がすぐに探せるといった利点がある。しかし本種のように藻体全体が石などに固着する殻状藻類は、例外的に基質ごと乾燥標本として、別の棚に保管する場合がある。

023

カサノリ

Acetabularia ryukyuensis Okamura et Yamada

P.71

アオサ藻綱カサノリ目カサノリ科
SAP 54384
1990年3月9日、沖縄県辺野古で吉田忠生が採集

大多数の海藻と異なり、岩上ではなく砂中の死サンゴから生えることが多い。キノコのような1本ずつが巨大な1個の細胞で、一番根元の部分(仮根)に1個の核を持つ。核の遺伝情報が性質を決めることを示した「ヘマリングの接ぎ木実験」が生物の教科書で有名。その地中海産の種と、南西諸島から東南アジアに分布する本種は明治時代には同一視されていたが、1932年に新種発表された。タイプ標本も当館に収蔵されているが、写真は埋め立てられてしまう辺野古の群生地で採集された標本。環境省レッドリストの準絶滅危惧種である。

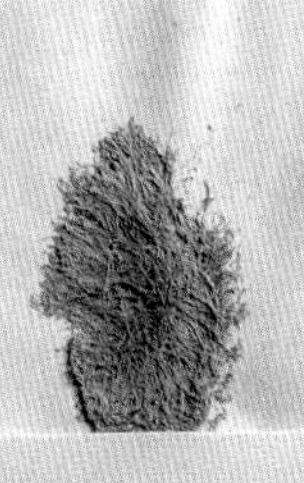
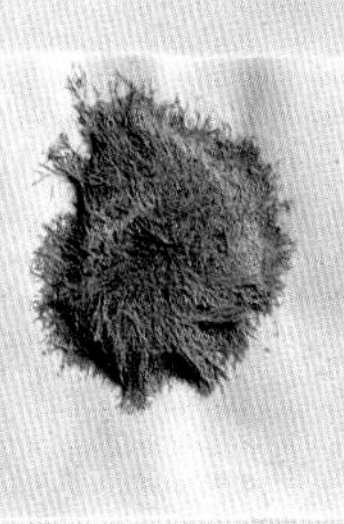

HERBARIUM OF THE FACULTY OF AGRICULTURE,
HOKKAIDO IMPERIAL UNIVERSITY, SAPPORO.

Marine Algae of the Kurile Islands.

Aegagropila kurilensis Nagai

Lake Naibo, Etorofu Id.
July, 19, 1934. M. Nagai.

TYPUS

HERBARIUM
FACULTY OF SCIENCE, HOKKAIDO UNIVERSITY
SAP
PARATYPE
No.
SARGASSUM DISTICHUM O
ET Y
産地 サガミ ハヤマ サメジマ
昭和11年 8月

024

チシママリモ

Aegagropila kurilensis Nagai

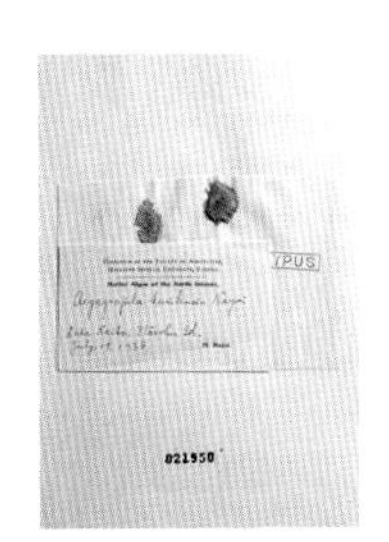

P.73

アオサ藻綱シオグサ目アオミソウ科
アイソタイプ
SAP 21950
1934年7月19日、択捉島内保沼で永井正次が採集

マリモの分類学的取り扱いは、古くは球状か否かといった外部形態から複数の種や品種に分類されたり、シオグサ属に含まれるか独立属かといった議論などもあり、複雑な変遷がある。近年の分子系統学的研究により、有名な阿寒湖のマリモは、1753年にリンネが記載したスウェーデンのマリモと同一種であることが分かった。この研究過程で、マリモとは属レベルで違うタテヤマリモが発見された。チシママリモは現在はマリモに含められているが、分子系統学的には証明されておらず、仮に将来の研究で異なる種となれば、本タイプ標本が種の基準となる。

025

エンドウモク

Sargassum yendoi Okamura et Yamada

P.74

褐藻綱ヒバマタ目ホンダワラ科
パラタイプ
SAP 51106
1936年8月30日、神奈川県葉山鮫島で香淳皇后が採集

ヒジキやアカモクと同じホンダワラ属だが、本種は食用にはされていない。本州中部から九州にかけて分布する。和名・学名ともに、北海道帝国大学教授の藻類学者、遠藤吉三郎にちなむ。1935年から42年にかけて、皇居の生物学御研究所から、葉山で採集された海藻類の同定のために、北大理学部の山田幸男教授のもとに多数の標本が送られた。同定依頼書の控えによると、同定後に返却し、その後お下げ渡しになった標本であると記録されている。38年の新種発表論文で引用された複数の標本のうちの一枚である(ホロタイプはSAP 21112)。

026

渦鞭毛藻 ヌスットディニウム・デシンビオントゥム

Nusuttodinium desymbiontum Onuma, Watanabe et Horiguchi

渦鞭毛藻綱ギムノディニウム目ギムノディニウム科
ホロタイプ
SAP 114774
2012年3月2日、北海道石狩市で大沼亮が採集

進化の歴史を抱く生命のタネ

陸上植物の葉緑体は、その遠い祖先が単細胞生物だった時代に、藍藻類(シアノバクテリア)を取り込んで共生したものであることが明らかになっている。この細胞内共生で藍藻類から葉緑体が生まれたのは、生物の進化の歴史で1回だけ起きた現象であると考えられている。陸上植物の祖先である緑藻類と、その親戚関係にあたる紅藻類は、この一次共生と呼ばれる細胞内共生で得た光合成能力をそのまま引き継いでいる。

そして、これらの光合成生物を、さらに細胞内共生で取り込んで光合成能力を獲得した生物群がある。ユーグレナ(ミドリムシ)の葉緑体は単細胞の緑藻類が起源であり、褐藻類や珪藻類の葉緑体は、それらの祖先の単細胞生物が単細胞紅藻を取り込んで生まれたものと考えられている。寄生性原生生物であるマラリア原虫(マラリアを引き起こす病原体)は退化した葉緑体を持っており、渦鞭毛藻類と遠い親戚関係にある。これらの共通祖先が単細胞紅藻を取り込んで葉緑体を獲得したと考えられており、渦鞭毛藻類も約半数の種は光合成能力を二次的に失い、餌を食べて生きる従属栄養生物となっている。そしてさらに、それらの渦鞭毛藻が珪藻や緑藻を取り込んで再び光合成生物に進化したと考えられる例も見つかっている。

このように渦鞭毛藻類は、葉緑体の起源を考えるうえで興味深い生物であり、特に本属は、細胞内共生の進化の前段階のように見える「盗葉緑体」という注目すべき現象を示す。*Nusuttodinium aeruginosum*は自前の葉緑体を持たず、「クリプト藻」という単細胞藻類の葉緑体を取り込んで光合成をし、細胞分裂時には葉緑体も分裂させて数世代は引き継ぐが、やがて維持できなくなり、新たにクリプト藻から取り込むということを繰り返している。この現象にクリプト藻核の有無が重要であることを突き止めた大沼亮が発見し、新種として記載した本種は、*N. aeruginosum*と近縁であるが、二次的にさらに盗葉緑体現象を失った従属栄養種である。

HERBARIUM

FACULTY OF SCIENCE, HOKKAIDO UNIVERSITY

SAP

Nusuttodinium desymbiontum

Collection date: 2 March 2012

Locality: Ishikari Beach, Ishikari City

Hokkaido Prefecture, Japan

Leg.&det: Ryo Onuma

114774

1978-5-8 イサップ drift

HOLOTYPUS

034547

HERB. K. OKAMURA.

Yatabella hirsuta Okam

TYPE

Oriuzako, Hiuga

027

イカダコノハ

Kurogia pulchra Yoshida

P.78

紅藻綱イギス目コノハノリ科
ホロタイプ
SAP 34547
1978年5月8日、北海道根室半島で吉田忠生が採集

柔らかい膜質の葉状紅藻で、葉片の中肋の向軸面(もとになる枝を向いた方の面)から同様な葉片を数枚形成することを繰り返すフラクタル図形のような形態をしている。生長点は先端にあり、根元に近い古い部分から順に葉片の翼部がなくなって、中肋部のみが枝のように残る。比較的深いところに生育するめずらしい海藻で、まれにしか採集されない。このホロタイプ標本も、海底に生えているものを直接採集したのではなく、波で流されてきたものを採集した。属の学名は北大理学部教授の黒木宗尚にちなむ。

028

ヤタベグサ

Acanthopeltis hirsuta (Okamura) Shimada, Horiguchi et Masuda

P.79

紅藻綱テングサ目テングサ科
ホロタイプ
Herb. Okamura in SAP
1899年8月、宮崎県折生迫で岡村金太郎が採集

折生迫の水深7〜8mの岩上に生育するきわめて狭い分布域を持つ日本固有種。わが国の海藻分類学の基礎を築いた岡村金太郎水産講習所教授が1900年に新属新種として発表した。前年に亡くなった恩師で日本の植物分類学の祖である矢田部良吉東京帝大教授を記念して命名した。

分枝の様式が独特であることから、当初は新属*Yatabella*として属の学名も矢田部にちなむものであったが、近年の分子系統学的研究でユイキリ属と近縁であることが判明し、形態的にもユイキリの分枝様式が不規則になったものと解釈できるため、属が移された。

093370

7, V, 2001

⑤ ダンス浜　新属新種　♀

a single individual.

DNA voucher

fixed - 1個体

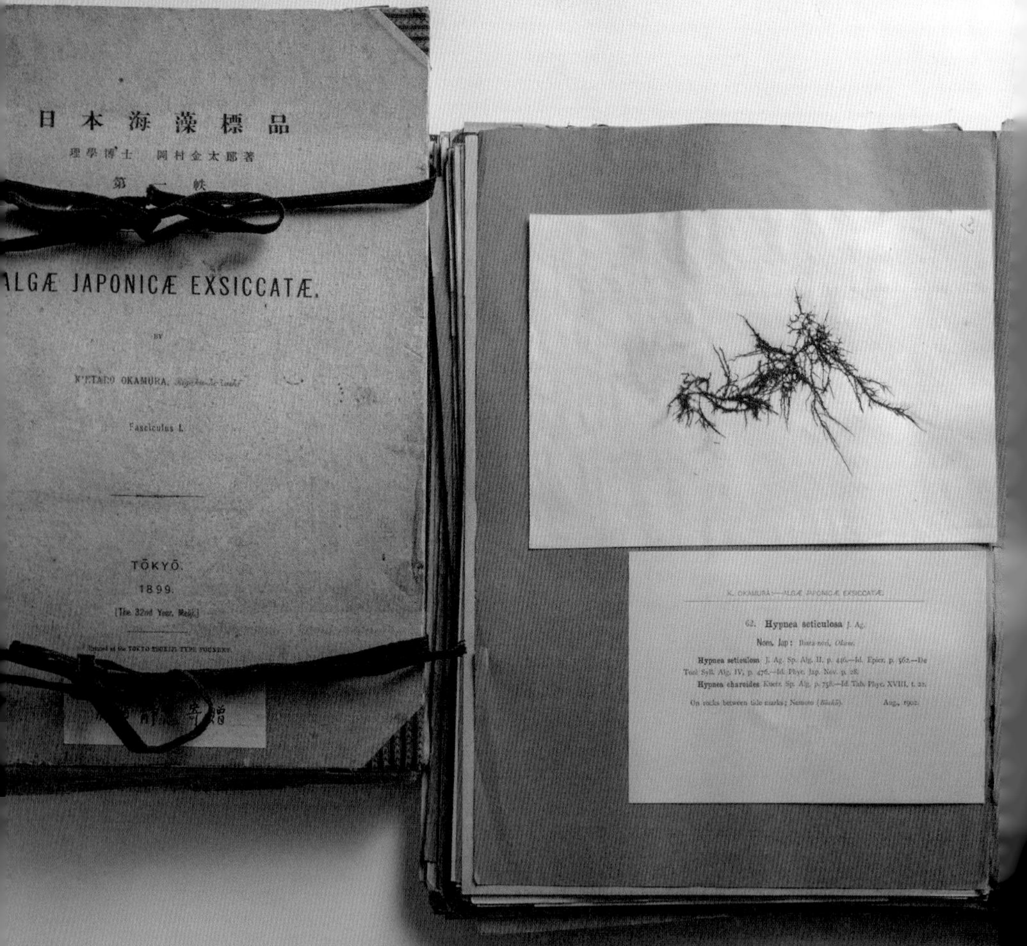

日本海藻標品
理學博士 岡村金太郎著
第一帙

ALGÆ JAPONICÆ EXSICCATÆ.

BY

OKAMURA,

Fasciculus I.

TŌKYŌ.
1899.
[The 32nd Year, Meiji.]

K. OKAMURA:—ALGÆ JAPONICÆ EXSICCATÆ.

62. **Hypnea seticulosa** J. Ag.

Nom. Jap: Ibara-nori, *Okam.*

Hypnea seticulosa J. Ag. Sp. Alg. II, p. 446.—Id. Epicr. p. 562.—De Toni Syll. Alg. IV, p. 476.—Id. Phyc. Jap. Nov. p. 28.

Hypnea chareoides Kuetz. Sp. Alg. p. 758.—Id. Tab. Phyc. XVIII, t. 22.

On rocks between tide marks; Nemoto (*Bōshū*). Aug., 1902.

029

ヨナグニソウ

Yonagunia tenuifolia Kawaguchi et Masuda

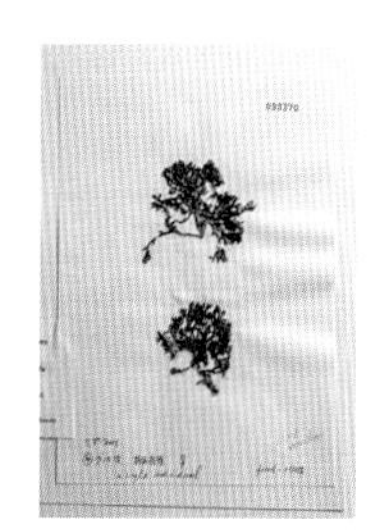

P.81

紅藻綱スギノリ目ムカデノリ科
ホロタイプ
SAP 093370
2001年5月7日、沖縄県与那国島で増田道夫が採集

与那国島で最初に発見された海藻で、のちに沖縄本島南部の糸満市や、久米島でも生育が確認された。分子系統解析の結果、台湾産の標本に基づいて1931年に新種記載されたウスバキントキ*Carpopeltis formosana* Okamuraと近縁であることが判明し、ムカデノリ科の中では真の*Carpopeltis*属よりもむしろムカデノリ属に近いこと、また、紅藻類の系統分類で重要な、受精後の雌性生殖器官の発達過程において、本種とウスバキントキだけが共通した特徴を持つことから、独立した新属として記載された。

030

エキシカータ

日本海藻標品
Algae Japonicae Exsiccatae

P.82

全2帙(1899、1903)
岡村金太郎

エキシカータとは乾燥標本集のこと。博物館どうしで交換して収蔵コレクションを充実させるなどの目的で、同じ内容で数十組ほどが作られる。名前はplantae exsiccatae(乾燥した植物)という意味のラテン語に由来する。写真は、わが国の海藻分類学の基礎を築いた岡村金太郎が内外に頒布した日本産海藻標本集で、合計100種が収められている。当時はインターネットも複写機もなく、論文に写真も載っていない時代。実物を観察して外国の類似種と比較できる標本集に、世界の分類学者は大いに助けられたことであろう。

03 細胞を守る吸水紙

海藻標本の作製には陸上植物のそれとは異なる難しさがある。水中でゆらゆら揺れている海藻をそのまま水から上げても形を成さない。押し花のように美しい標本はどうやって作られるのだろうか。

まずバットに水を張り、海藻を広げて浸す。次に、海藻の下に台紙を敷く。台紙を斜めに持ち上げ、斜面に沿って海藻をゆっくり引き上げる。枝と枝が重なり合わないよう、また生殖器官や付着器がよく見えるようピンセットで丁寧に形を整えながら引き上げていく。

水から引き上げた台紙と海藻の水分を取るものが、この古色蒼然たる吸水紙。またの名を吸い取り紙といい、台紙の上と下にあてがって水を吸い取る。海藻の細胞は、生乾きの時間が長ければ長いほど傷みやすい。水分をすみやかに除去するために、吸水紙を朝昼晩、頻繁に交換することが求められた。

ところが近年、画期的な発明があった。厚手の段ボールで吸水紙ごと挟み、水平方向から扇風機で風を当てると、段ボール断面の波状の隙間が通風孔の役割を果たし、みるみるうちに水分が蒸発していく。たいていの海藻はひと晩で、厚手の海藻でも2〜3日できれいに乾く。こうして研究者は、吸水紙を交換する手間から解放された。

現在は吸水紙専用に作られたものが使われているが、厚みのある粗い再生紙を使った昔ながらの吸水紙もまだまだ現役だ。吸水紙には室蘭臨海実験所、厚岸臨海実験所など、所有者の判が押されている。採集された海藻は、吸水紙で挟まれたまま運ばれるため、各所の吸水紙が行ったり来たりすることになる。

さまざまな研究機関の名が刻まれた吸水紙は、研究者の日々の営みと標本交流の証でもある。(北室)

博識な研究の鬼

［博物学者列伝④］

山田幸男

YAMADA Yukio
1900〜1975

山田幸男は1900年(明治33年)、京都市に生まれた。4歳の頃に東京に移り、東京府立一中、一高と進学。中学から医学を志してドイツ語を学び、一高でも医類に在籍していたが、動物の解剖が嫌になって進路を変更、21年(大正10年)に東京帝国大学理学部植物学科に入学した。この年に北海道帝国大学の藻類学者、遠藤吉三郎が病没し、遺された豊富な標本と文献が母校の東大に寄贈されたことから、水産講習所教授の岡村金太郎の指導を受けて藻類学の道に進むことになった。

台湾の海藻について研究し、25年(大正14年)には得意のドイツ語で執筆した最初の研究論文が学術誌に発表された。当時義務であった徴兵検査を受け甲種合格となり、大学卒業後は兵役に就かなければならなかったため、同年12月に東京の近衛歩兵第三連隊に一年志願兵として入隊。翌年東京で開かれた国際学会に中隊長から特別許可を得て出席し、軍服姿で英語による研究発表を行い話題となった。

このときの座長が、宮部金吾のハーバード大学留学時代の同門の友人、カリフォルニア大学のセッチェル教授であった。志願兵としての任期を終え、再び研究生活に戻った山田に、新設される北大理学部の植物分類学教室教授候補として白羽の矢を立てたのが、理学部設立委員であった宮部である。ちょうどその頃、農学部・医学部・工学部という応用系の学部しか持たなかった北大では、扇のかなめとして基礎研究を担う理学部を設置する構想が進んでいた。宮部は、植物分類の基礎は隠花植物にあるとして、北大を隠花植物研究の中心地にしたいと考えていたという。菌類の研究は農学部で着実に進められていたため、新設の理学部には藻類の研究拠点を作りたいと構想した。

27年(昭和2年)8月某日、海藻標本を調べる名目で東大理学部植物学教室を訪れた宮部は同教室教授の早田文蔵に依頼し、山田に標本室を終日にわたり案内させた。山田の人となりや海藻学の知識を見定めた宮部は、新設される理学部の植物分類学教室初代教授候補者に彼を抜擢した。新設の理学部教官候補には、出身大学を問わず全国から新進気鋭の若手研究者が集められた。

経験や人脈形成、研究資料や文献の収集などを見込んで、候補者は着任前に文部省在外研究員として2年間の留学が決められた。山田の最初の留学先は、前述のセッチェル教授の研究室であった。10カ月のカリフォルニア滞在の後、アメリカ東部での植物園や大学での標本観察などを経て、ヨーロッパに渡り、各国で海藻学者との研究交流や標本調査を行った。最後にソビエト連邦レニングラード(現サンクトペテルブルク）に保管されている北海道産海藻標本の観察を希望したが許可が得られず、シベリア鉄道経由で帰国し2年間の海外留学を終え、30年（昭和5年）の帰国後すぐに助教授として着任、翌年には教授に昇任した。理学部開設にあたり、宮部は山田に対して、「理学部植物分類教室は下等隠花植物の研究に主力を注がれたい、そして藻類研究のセンターにして頂きたい」と希望した。その願い通り、山田の尽力により海藻研究の世界的拠点の一つに発展した。

当時の同僚や学生らによって書かれた『山田幸男先生追悼文集』（1976）によると、山田の性格は謹厳実直。教室では厳しかったが、大声で叱ったりするのではなく、率先垂範して学生たちに研究姿勢を示した。根拠なき予測や推論を嫌い、研究対象を徹底的に観察する姿勢を貫いた。研究の鬼だがそれだけではなく、一高時代に鍛えた撃剣（剣道）の名手で、スポーツもよくこなし、理学部の学科対抗野球でも、趣味の釣りでも、負けず嫌いなところを見せて活躍した思い出が多く書かれている。

当時の植物分類学教室では、学生の大部屋に教授以下皆で集まり、雑談をしつつ昼食をとる習慣があった。海藻学をはじめとする理学の話題はもちろんだが、文学、歴史、政治、経済ほか多種多様なことが話題となる。初めのうちは、偉い先生との食事など堅苦しいと敬遠していた学生であったが、山田の人格に直に接し、その博学博識に驚嘆し、豊富な体験に触れて感化されるうちに、「教授室の山田先生はオッカナイが、大部屋の先生は兄貴みたいなもの」と、次第に楽しみになってきたという。食道楽の山田らしく食べ物の話題も多く、味と食感をあわせたポクポク、ショキショキといった山田独特の多種多様な表現が有名であった。

山田は生涯に145編の研究論文を発表し、新属・新種など新しく記載された分類群は200近くになる。調査・採集で訪れた地域は、千島から日本本土・離島をはじめ、台湾、ミクロネシアまで及んだ。分類学的研究であるが、いわゆる象牙の塔にこもるのではなく、海藻学の成果を水産業の発展に役立たせる視点も欠かさなかった。現在のコンブやノリの増養殖技術も、山田と門下生らの研究成果によるところが大きい。日本藻類学会の初代会長、国際藻類学会の会長を務めたほか、北海道の文化財保護委員も長く務め、阿寒湖のマリモの実態調査と保全を進めた。

山田幸男。1973年、京都の自宅で（『山田幸男先生追悼文集』から転載）

標本100選 04

昆虫

昆虫分類学の総本山

◎昆虫
大原昌宏（北海道大学総合博物館教授）

日本初の昆虫学教室

1903年(明治36年)、札幌農学校に日本で最初の昆虫学教室が松村松年によって開設された。松村が教えた学生には素木得一、小熊捍などがおり、その後の日本や台湾の昆虫学、生物学を大きく発展させた研究者がいた。以来、札幌農学校(北大)昆虫学教室は、日本の昆虫学、とくに昆虫分類学のメッカとなり、多くの昆虫研究者が輩出し、全国の大学や研究所の昆虫学の発展に寄与した。

札幌農学校の昆虫学教室はその後も117年にわたり継続し、現在では北大農学部生物生態・体系学講座昆虫体系学分野と名前を変え、昆虫学の先端研究が行われている。昆虫学教室の研究者によって収集された昆虫標本は累計250万点に上り、現在は大部分が北大総合博物館へ移管され、収蔵・保存活用されている。

標本群のうち、旧翅類(カゲロウ、トンボ)、準新翅類(カメムシなど)、完全変態類の一部(アミメカゲロウ)は農学部に残され、その他の完全変態類(コウチュウ、ハエ、ハチ、チョウ・ガ)は総合博物館へ移管となった。総合博物館の標本群は、さらに二つの標本室に分割されて管理され、2階がハチ、チョウ・ガ、3階がコウチュウ、ハエに分類されている。

標本室の物理的環境は定温湿度維持(夏場は20度40%、冬場は10度40%)と虫害予防(ナフタレン)を基本とし、分類群ごとの標本棚配列を試みているが、一部は標本棚に収容しきれず、未整理のまま標本が置かれ、床から積み上げるような状態のものもあり、今後も標本整理のための標本棚購入費などの予算を恒常的に継続して投入していく必要がある。また道内の昆虫研究家や北大卒業生の研究者が収集した貴重な昆虫標本群が寄贈されることも多く、標本は増え続けており、現在まだ整理中の段階であるが、標本総数は約300万点に達しているものと思われる。

1万点のホロタイプ

北大の昆虫標本群の特徴は、約1万点の完模式標本(ホロタイプ)を含むタイプ標本を多く収蔵しているところにある。おそらくアジア地域においては、もっともタイプ標本所有数の多い機関と思われる。またこれらのタイプ標本のデータ情報は、GBIF(地球規模生物多様性情報機構)を介して逐次国際的な公開を進めている。

約300万点の昆虫標本群は、北大内の研究者、大学院生のみならず、多くの海外の研究者に利用されている。特に、タイプ標本を調査するため来訪する研究者は年間20人以上、また研究のためのタイプ標本貸出の業務も年間20件以上あり、活発に利用されている。最近は、展示のための標本貸出も年に1、2件ある。

ミリオンレベルの標本数のコレクション管理には、本来であればある程度の標本管理経費が必要であるが、現在の大学法人の予算はとても十分とは言えない。当館ボランティアの昆虫グループには現在15人が登録されており、標本管理の補助、標本作成、標本のラベル付け、データベース登録などのサポートを担っている。しかし、さらに多くの人的サポートが必要であり、教員、大学院生、ボランティアの無償の貢献により、なんとかこの貴重な昆虫標本群が維持されている状況であることを記しておく。

より整理された標本状態にするには、標本の重要性をあらゆる機会に説明し、理解していただき、各方面のサポートを実行していただくしかなく、これらの努力を継続することにより、博物館コレクションの管理充実を図っていきたいものである。

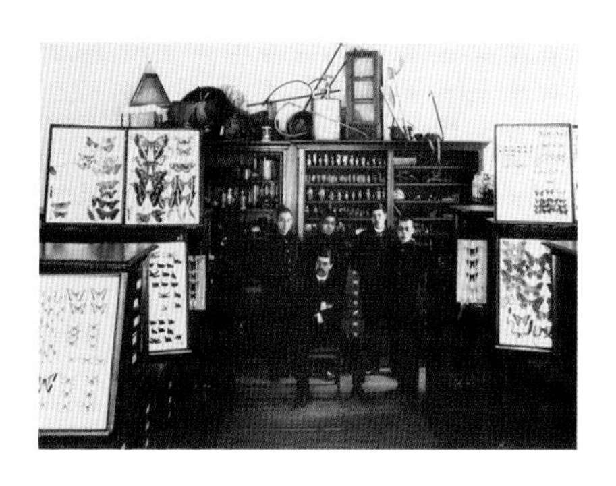

P.88左／明治40年ごろ、開設間もない昆虫学教室の面々。前列左から素木得一、松村松年、岡本半次郎、後列左から小熊捍、桑山茂、荒川重理＝北大総合博物館所蔵
P.88右／明治末ごろの標本室の様子。左が松村、右奥で机に座っているのが素木、右前で標本を見ているのが小熊。当時の標本庫は旧昆虫学及養蚕学教室にあった(建物は現存)＝北大図書館北方資料室所蔵
P.89／標本室の棚の上には当時の昆虫採集道具や飼育装置が見られる(明治末ごろ)＝北大図書館北方資料室所蔵

ウスバキチョウ

Parnassius eversmanni daisetsuzana Matsumura, 1926

鱗翅目アゲハチョウ科
シンタイプ
1926年7月18日、北海道大雪山・小泉岳で採集

031

最も貴重な昆虫標本

大雪山に分布するアゲハチョウ科の高山蝶。幼虫はコマクサを食べ、3年目の夏に成虫になる。大雪山の山頂付近は昆虫にとっても過酷な生息環境であろう。特にコマクサは冬場も雪が被らない風衝地に生える。2カ月足らずの短い夏と、氷点下15度の冬を2度越えて、ウスバキチョウは親になる。

本種は、1965年に天然記念物に指定された。71年指定の大雪山国立公園特別保護第三種地域(最も厳重に自然物が保護される採集禁止地域)内に生息する。2000年には北海道の「希少種」としてレッドデータブックにも登録された。04年には「指定希少野生動植物」に指定され、違法に採集し売買をすると、条例に基づき1年以下の懲役又は50万円以下の罰金に処される。幾重にも「種の保存」への手厚い保護の網がかけられている。

ウスバキチョウが発見されたのは、90年前の1926年7月である。北大農学部昆虫学教室の学生であった河野廣道が単独で大雪山の調査に入り発見した。河野は後に、甲虫類を専門とした昆虫学者として、また北海道の考古学研究者として著名になる。採集された標本は、河野の手から鱗翅類を専門とする教授の松村松年に託された。同年、松村自身の名のついた雑誌「インセクタ・マツムラーナ」(Insecta matsumurana)の一巻二号に、ウスバキチョウの名で新亜種として記載された。河野が採集し松村が研究した標本は、タイプ標本として今も北大昆虫コレクションに保存されている。

1965年以降、ウスバキチョウの採集は禁止され、本種の標本は一層貴重なものとなった。言うまでもなく、タイプ標本はそれらの標本の中でも最も価値のある標本である。日本の昆虫研究者・愛好者に「日本が所蔵する最も貴重な昆虫標本」を問えば、おそらくその一番の候補となる標本であろう。

アリクイエンマムシ

Margarinotus (Myrmecohister) maruyamai Ôhara, 1999

鞘翅目エンマムシ科
ホロタイプ
1998年6月8日、札幌市円山で採集

032

大発見は足元に

エンマムシ類は日本に約120種を産する甲虫のなかま。捕食性で、他の昆虫類の幼虫、特にハエの幼虫ウジを食す。死体に湧くウジを貪り食うところから「閻魔さま」の名が与えられた。

ウジの湧く死体、糞、腐敗物などの汚いところに限らず、昆虫の幼虫は、キノコの裏、樹皮下、鳥や獣の巣内、海岸の海藻の下など、実にさまざまなところに生息しており、ハエに限らず、昆虫の幼虫が発生する環境にエンマムシ類も適応し、多様に進化してきた。とりわけ特殊に進化したと考えられているのが、アリの巣に棲み込むエンマムシである。

アリの巣内に入り込めさえすれば、そこは豊富な餌となるアリとその幼虫がいる。しかし通常はアリの激しい攻撃にあい、巣に入るのは困難。巣から追い出されるか、アリの餌食になるのがオチである。アリクイエンマムシはそれを克服した数少ない種の一つである。クロクサアリ類の巣に入り込み、アリを食べている。このことは、大学院生だった丸山宗利(現九州大学総合研究博物館准教授)によって発見された。札幌の円山で見つけ研究室に持ち帰ったクロクサアリの羽アリとアリクイエンマムシをシャーレに入れたところ、翌日の朝には、エンマムシとアリの羽だけがシャーレに残されており、アリが食べられていることが確認された。

アリクイエンマムシは、筆者が青森県岩木山の麓で、クロクサアリの巣から1雌を採集したのが最初だった。体長7ミリもある大型エンマムシで、明らかな新種だった。その後、山梨県で採集された2標本を譲り受け、3個体となったが、追加標本は集まりにくく、本州に分布が限られると思いこんでいた。そして新種記載準備のための本州採集旅行の計画を立てていたころ、丸山さんが北大大学院に進学してきて、円山で十数匹の個体を採集してくれた。灯台下暗し。

Margarinotus (Myrmecohister)
maruyamai M. Ohara
maruyamai n. sp.
Det. M. Ohara

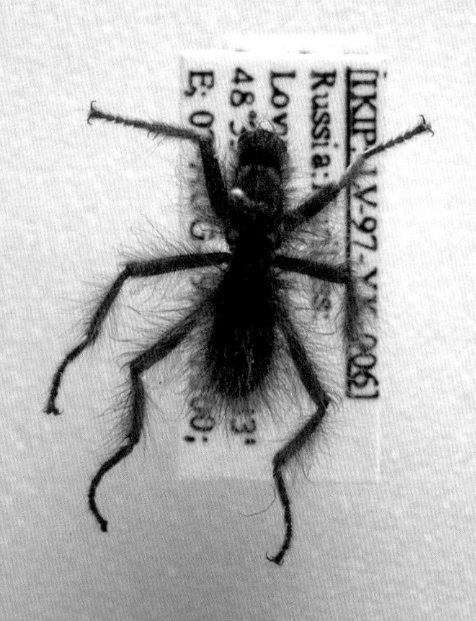

Dendrolimus spectabilis Butl.
マツカレハ（マツケムシ）
Pachytelia unicolor Hufn.
Bombyx mori L.
Mormonia dula Brem
Malacosoma neustria L.
Barathra brassicae L.
ヨトウガ
Melalopha anastomosis L.

033

クモフンバエ

Scatophaga exalata Ozerov, 1996

P.94

双翅目フンバエ科
1997年8月3日、千島列島中千島ロブシキ島で採集

　千島列島国際生物相調査(IKIP)は、日米露の研究者が各島に上陸し、島々に生息する生物の種リストを作成するプロジェクト。その成果として約2万点の昆虫標本が博物館にもたらされた。
　そこに含まれていた中千島の特産新種クモフンバエは、その名のとおり「クモ」のような「フンバエ」。翅を失い、3対の頑丈な脚で歩き回るだけのハエとして話題になった。海洋の小島では、飛ばないことで強い風に吹き飛ばされないよう適応しているらしい。ハワイではカミキリムシなど多くの昆虫が無翅になっている。

034

ヨトウガ

Mamestre brassicae (Linnaeus, 1758)

P.95

鱗翅目ヤガ科
1929年7月25日蛹化、8月19日羽化。札幌で採集

　漢字では「夜盗蛾」と書く。幼虫は「夜盗虫」(ヨトウムシ)である。日中土中に潜むが、夜になると地上に這い出て、キャベツなどの農作物を食い荒らすので、この名がついた。明治から昭和初期にかけては、害虫駆除が農学の重要な教育使命だった。「蛾類生態標本」とラベルされた箱には成虫、蛹、幼虫、卵、天敵の標本が種別に並べられている。現在は、幼虫の標本はアルコールなどに浸ける液浸標本が主流で、このような手間のかかる乾燥標本はほとんど作製されていない。「これから農業に携わる若者が、害虫の姿形を頭に叩き込めるように」との教育配慮をもって作製された標本である。

LEPIDOPTERA: GRACILLARIIDAE
Phyllocnistis

Amakasa
M. SUWA
Det. T. Kumata, 1988
Det. T. Kumata, 1988
Anbo
.VI.1965
Det. T. Kumata, 1988
K. KUSIG

Det. T. Kumata, 1988
Det. T. Kumata, 1988
Anbo
.VI.1965
Det. T. Kumata, 1988
Melanocercops
Det. T. Kumata, 1988

Host ???
Det. T. Kumata, 1988
Host ???
Det. T. Kumata, 1988
Det. T. Kumata, 1988
Det. T. Kumata, 1988

Ryukyu Is.
T. Takeda
Det. T. Kumata, 1988
Amamioshima
H. TAKADA
Det. T. Kumata, 1988
Amamioshima
H. TAKADA
Det. T. Kumata, 1988
.VI.1965
Det. T. Kumata, 1988

Ryukyu Is.
Okinawa I.
T. Takeda
Det. T. Kumata, 1988
Host
Det. T. Kumata, 1988
Yakushima
T. KUMATA
Det. T. Kumata, 1988
.VI.1965
Det. T. Kumata, 1988

Det. T. Kumata, 1988
Melanocercops
Det. T. Kumata, 1988
Ryukyu Is.
Okinawa I.
M. Takeda
Anbo
21.VI.1965
Det. T. Kumata, 1988

No. 3679 Herb. Tosio Kumata, Sapporo, Jap

Fam. Vervenaceae

Premma corymbosa Rottl.
var. obtusifolia (R.Br.) T

Loc. Husaki, Isigaki I, Ry
Japan

Dat. 5. XI. 1989 Leg. T.

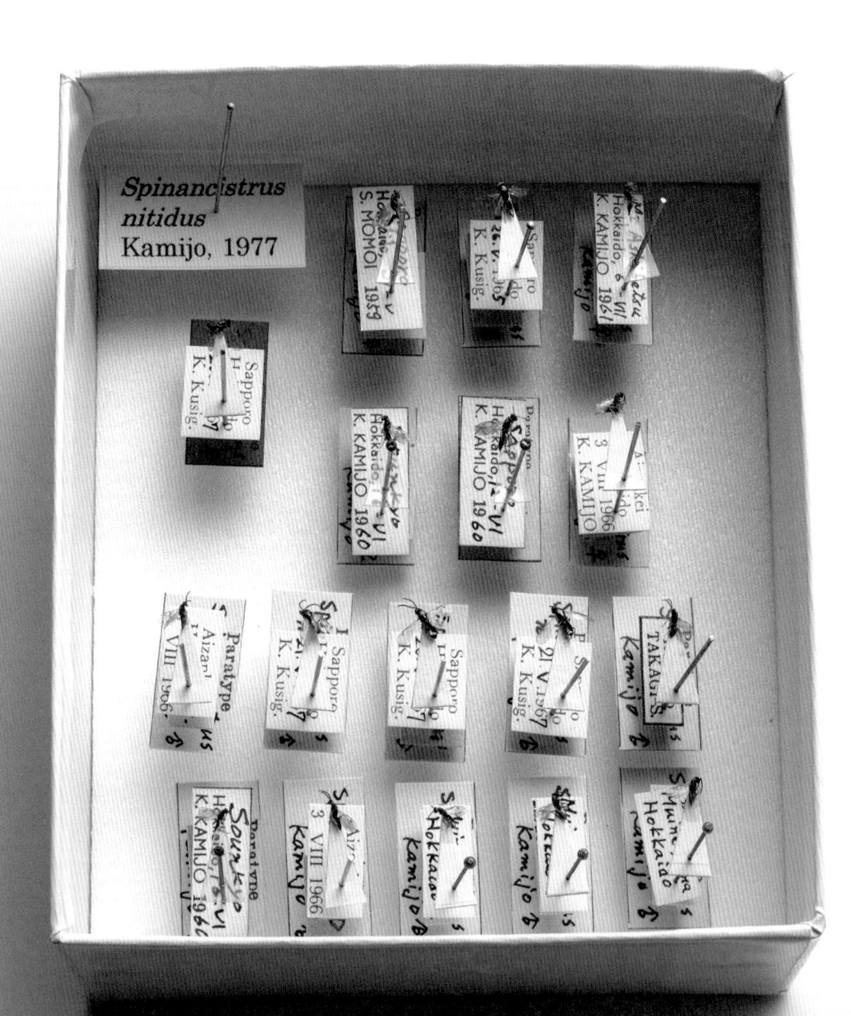
Spinancistrus
nitidus
Kamijo, 1977

035

イチジクホソガ

Melanocercops ficuvorella (Yazaki, 1926)

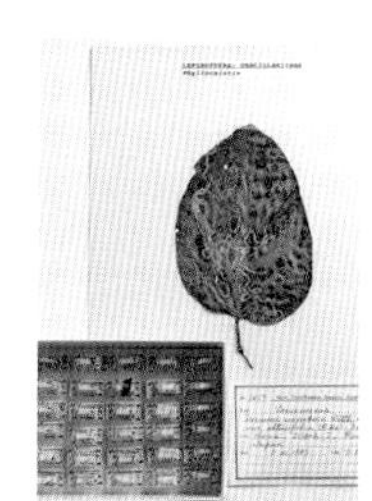

P.97

鱗翅目ホソガ科
九州・琉球列島などで採集
腊葉(さくよう)標本：石垣島産タイワンウオクサギ*Premna corymbosa* の葉についた
ミカンコハモグリ属*Phyllocnistis* のホソガの食痕

線状の模様がつく葉の標本。模様は虫の食痕で、中でもホソガは代表的な潜葉性昆虫である。

野外で食痕のついた葉を集め、中に潜む幼虫を飼育し、蛹を羽化させ、ホソガの成虫を手に入れる。葉1枚の採集で、食痕内の幼虫全齢期の脱皮殻と成虫、食草、食べた葉の量などの標本とデータが集められる。久万田敏夫は、日本をはじめネパール、インド、東南アジアの膨大なホソガ類を収集し、素晴らしいコレクションを構築した。

036

コバチ(コガネコバチ類)

Spinancistrus nitidus Kamijo, 1977

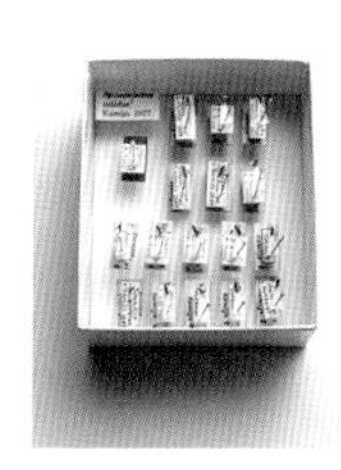

P.98

膜翅目コガネコバチ科
ホロタイプ(赤ラベル)、その他はパラタイプ
1967年5月25日、札幌で採集

もっとも種数の多い昆虫は甲虫類といわれる。しかし、ほぼ全ての昆虫に複数のハチが寄生するとも言われ、そうするとハチ類のほうが種数は多くなりそうである。寄生蜂は研究の余地がだいぶ残っており、膨大な未記載種がいる。

コバチ類は体長0.025から数ミリまでの微小な寄生蜂。まだ名のない新種だらけで、博物館には上條一昭が収集した12棚約20万個体の標本があるが、すべての箱に新種が含まれているだろう。将来の研究者にとっては宝の山である。

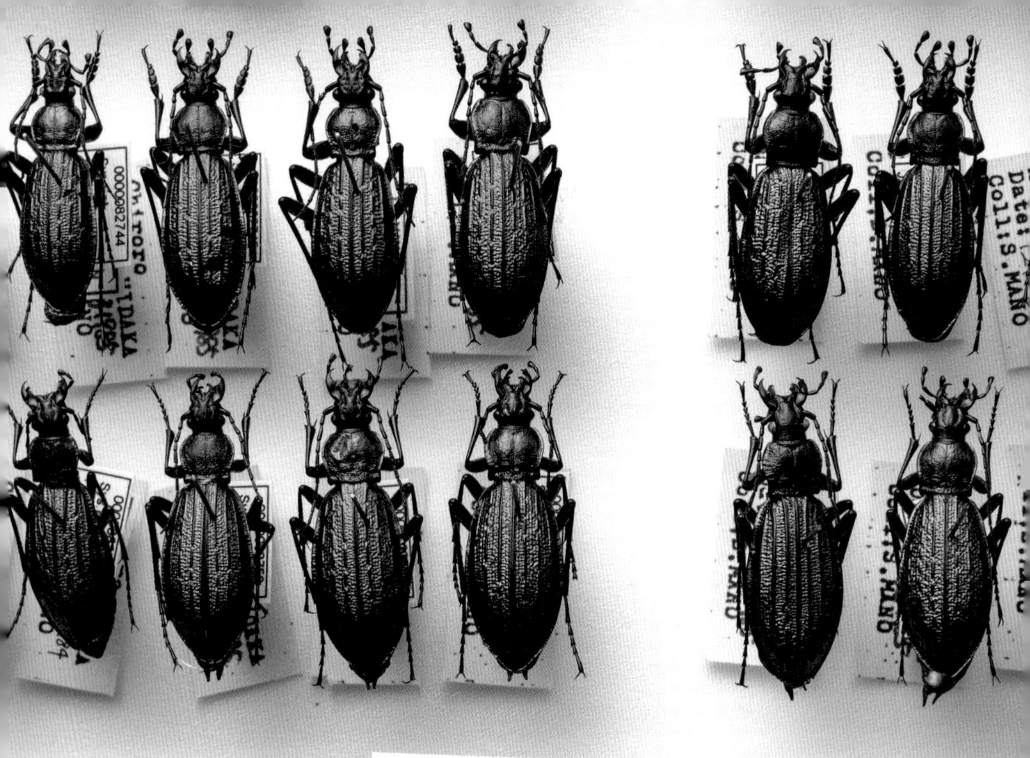

浦河（野塚トンネル）

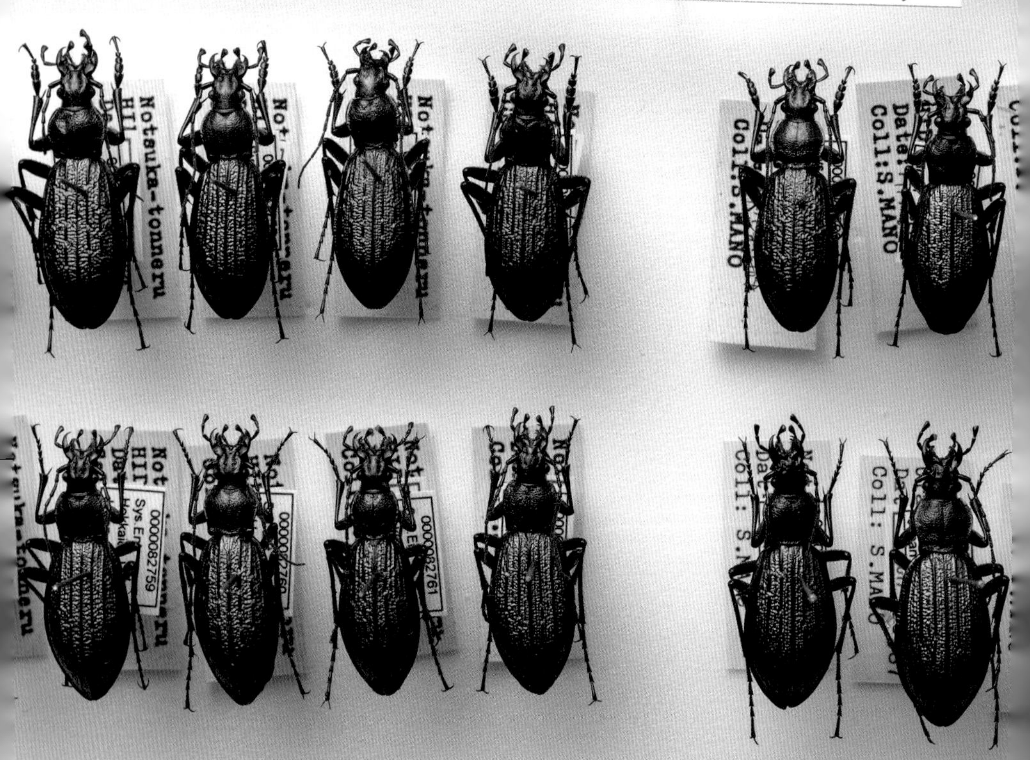

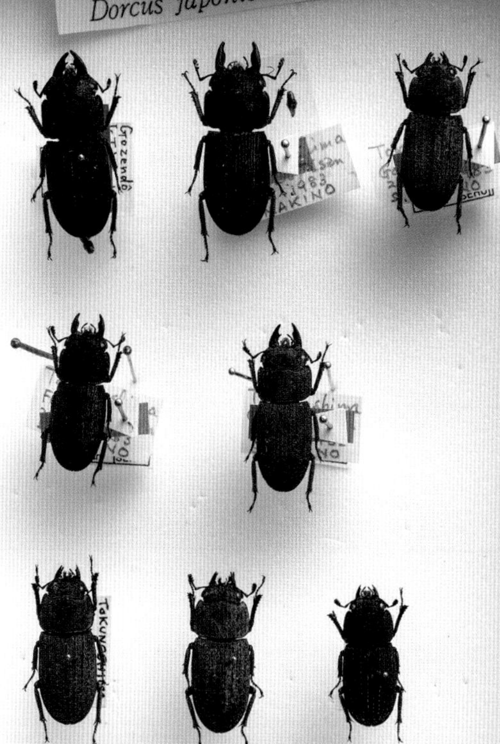
Dorcus
japonicus
ヤマトサビクワガ
Dorcus japonicus NAKANE et S. MAKINO

037

アイヌキンオサムシ

Carabus (*Megodontus*) *kolbei hidakamontanus* (Ishikawa, 1966)

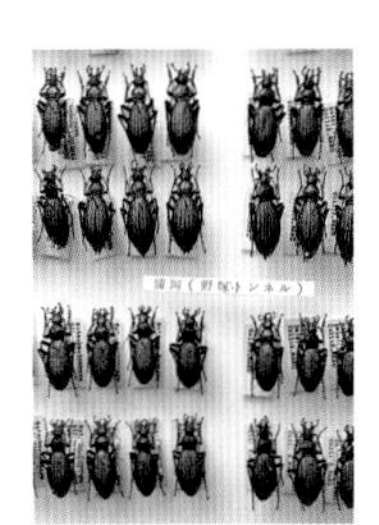

P.100

鞘翅目オサムシ科
SEHU 0000082793
1984年8月14日、北海道日高管内浦河野塚トンネルで採集

オサムシは地上徘徊性甲虫。後翅が消失し、飛ぶことができないため移動距離は制限され、河川や山脈により隔てられた地形により種分化が進んでいる。道内も、多くの種が近縁種や亜種に細かく分けられている。

アイヌキンオサムシとオオルリオサムシは日本では北海道にのみ分布する。背面は美しい金属光沢を呈し、その翅の色彩と条溝長が地理的に多様に変化することから、変異を調べるため道内各地の標本が膨大に集められている。

038

ヤマトサビクワガタ

Dorcus japonicus Nakane et S. Makino, 1985

P.101

鞘翅目クワガタムシ科
ホロタイプ
SEHU 0000004220
1980年7月19日、鹿児島県徳之島御前堂で採集

クワガタムシ類は南西諸島の島ごとに別種になるなど、1980年頃から日本産の新種がいくつか発見された。本種は、85年に中根猛彦が記載した種で、体表に泥を塗ったような特徴を持つ。従来の日本産種とは明瞭に異なる新種だった。鹿児島県佐多岬と徳之島で夜間の明かりに飛来した個体。

中根猛彦のコレクションは99年に北大に寄贈された。約13万点の甲虫標本が含まれ、本標本もその一つである。

Lycaena
beragus Rott.
Lycaena
admetus Esp.
Lycaena
argyrognomon Brgst.
Lycaena
damon Schiff.
Lycaena
sebrus Bsd.
Lycaena
argiolus L.
Lycaena
amanda Sch.
Lycaena
melanops Btlr.
Lycaena
cyllarus Rott.
Lycaena
hylas Esp.
Lycaena
minimus Fuessl.
Budapest
Lycaena
meleager Esp.
Lycaena
euphemus Hb.

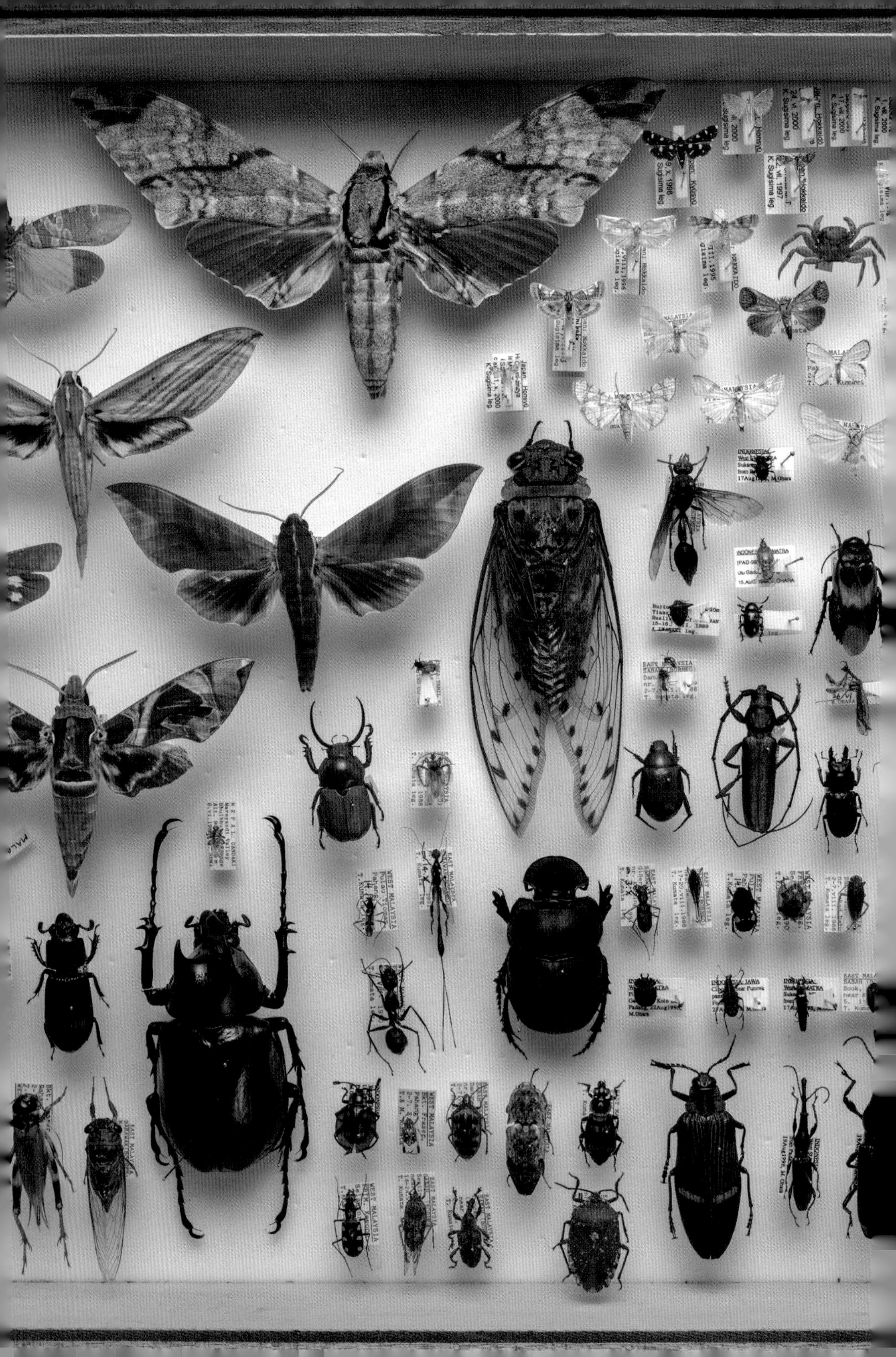

039

ヨーロッパの蝶の標本群

鱗翅目シジミチョウ科*Lycaena* 属など
1900年にヨーロッパのベルリン、ブダペストなどで採集

P.103

標本室には明治期の標本棚がいくつか残されている。古い標本は通常、標本箱の劣化により、新しい標本箱に移される。その際、新しい分類体系に沿って再配置される。松村松年が採集・収集したヨーロッパのチョウ類は、特に新たな研究の材料になることもなく、古い明治期の標本箱に残されたままだった。そのため今となっては、当時の標本管理状態を知ることができる貴重な標本セットとなっている。針を刺す箱の底面は、障子紙を4枚重ねた北大独特の方法がとられている。

040

昆虫の多様性

大きさ、形、模様など多様な形態をした昆虫類
主に東南アジアで採集

P.104

昆虫は、体が頭、胸、腹に分かれ、一対の触角、3対の脚、より派生したグループでは2対の翅をもつことで特徴づけられる節足動物である。甲殻類に近縁で、海中には生息しない。極地を除く陸上のあらゆるところに生息し、多様に適応、進化し、陸上でもっとも繁栄した生物が昆虫である。

当館展示室では三つの標本箱に多様な昆虫を並べてある。標本を観察すると、奇妙奇天烈な昆虫の形の世界に吸い込まれる。はっ、と気づくと、昆虫の特徴でないものがいる。甲殻類と多足類と鋏角類の標本も「引っ掛け展示」として三つ混ぜてあるので見つけてください。

04 繊細さを留める展翅板

チョウやガを標本にする際に、翅を広げて乾燥させるための道具が展翅板（てんしばん）である。野外で採集したチョウやガの翅を傷めずに広げることができる。2〜3週間展翅して乾燥させることによって腐敗を防ぐことができ、標本製作には欠かせない工程である。

材料は軽くて柔らかい桐が多い。板表面に和紙を張って面を滑らかにし、翅が傷まないよう配慮したものもある。明治時代にはコルクの代わりに藁黍（わらきび）も用いられた。標本を作るための道具でありながら、標本とともに博物館に寄贈され、コレクションになることもある。

翅がはみ出さないよう、さまざまなサイズがある。また、形状も多様で、面が水平のもの、傾斜しているものなどがある。乾燥後、翅が下がる可能性のある大きなチョウは、傾斜板のほうがきれいに仕上がるそうだ。

展翅の際に重要なことは鱗粉（りんぷん）を落とさないこと。チョウやガの翅自体には色も模様もなく、黄色味を帯びた無地のプラスチック板のようなもので、その翅にさまざまな色の鱗粉が刺さることで模様が生まれているのだ。

特に翅を広げる際は細心の注意が必要だ。針で刺すと翅に穴が開くし、ピンセットで挟むと鱗粉が取れてしまう。そこで登場するのが柄付き針である。翅を団扇に例えると、団扇の骨組みにあたるところに柄付き針を立て、翅をそっと動かしていく。柄が付いているので細かい操作がしやすい。そして翅を広げた姿で留め針を用いて固定する。

翅を押さえるために展翅テープも使われる。これは、乾燥する前の展翅中の段階でもチョウやガの特徴を視認できるように、透明か半透明でできている。生物のあるがままの姿を保つために、さまざまな工夫が重ねられている。（北室）

[博物学者列伝⑤]

松村松年

MATSUMURA Shonen
1872〜1960

千種以上に命名、日本昆虫学の父

松村松年は1872年(明治5年)、兵庫県明石に生まれた。1888年(明治21年)に札幌農学校本科に入学し、1895年(明治28年)卒業。その翌年、農学校の助教授として任官され、1934年(昭和9年)の退官まで38年間にわたり札幌農学校、東北帝国大学、北海道大学の昆虫学教室で、助教授、教授として研究室を率いてきた。

1899年(明治32年)にベルリン、ブダペストに留学し、帰国後は基礎、応用両面の最先端を研究、教育し、北大を押しも押されもせぬ昆虫学のメッカに育て上げた。昆虫分類学で膨大な業績を残した松村は、日本の昆虫学の育ての親といえる。

松村が札幌農学校で昆虫学を志したころ、日本人による昆虫学の研究、教育はまだわずかであった。東京大学の動物学教室には佐々木忠次郎がおり、応用昆虫学の講義があった。岐阜には個人で昆虫研究所を設立した名和靖がおり、やはり応用面の昆虫学研究が行われていた。札幌農学校の林学教室では新島善直が森林害虫を研究していた。

これらの先達は、いずれも応用昆虫学分野の研究者であり、分類学的業績よりも応用で著名であった。それに対し松村は、応用昆虫学のベストセラー『害蟲駆除全書』(1987)を著すなど応用面の研究も行っていたが、むしろ強く昆虫分類学に注力し、その結果、膨大な業績と標本を北大に残した。

当時の日本の昆虫分類学は、訪日した外国人博物学者により採集された昆虫類に次々と名前がつけられる命名黎明期であり、日本に居を構える日本人研究者による昆虫の命名は少なかった。その先駆者となったのが松村であり、彼は北海道、札幌周辺をはじめとして国内、台湾、朝鮮半島と研究範囲を広げ、千種以上に及ぶ昆虫類に命名した。

松村の分類学的業績は昆虫全般に及ぶが、特に半翅目、鱗翅目の記載論文が多い。研究室を率い、直翅目、双翅目は教え子にあたる素木得一、蜻蛉目は小熊捍、膜翅目は内田登一、鞘翅目は河野広道などに分類群を分割し専門家を育成していったようである。

松村の業績で特筆すべきは、1904年(明治37年)からの12巻におよぶ図鑑『日本千虫図解』の刊行である。カラー図版のついたこれらのシリーズの出版は、広範な分類群の昆虫の種名と同定方法を一般に普及し、のちの昆虫を対象とした基礎・応用生物学を発展させるのに大きな影響があったものと思われる。

松村の時代の標本には以下の特徴が見られる。まず標本箱は、片側14箱の左右計28箱の観音開きの標本棚に収納され、箱の大きさは長さ53.5cm、幅42.5cm、高さ9cmの大型のものである。ガラスの蓋は、落し蓋で受け側にあたる箱の内側に落とし込まれる。針を挿す箱内部の床面は北大独特のものと思われるが、障子紙を裏表にはった障子木枠を2枚重ねた計4枚の障子紙の床になっており、多重の和紙に昆虫針を挿すことで針の安定を作り出している。この箱は、宮木室内家具工業の3世代前の社長と研究室の教員により考案されたと伝えられている(現在も北大の昆虫標本箱は同社が作製している)。

昆虫針は真鍮のものが多く、針表面から噴いた緑青によって虫体が破壊されているものもある。そのような標本の取り扱いは極めて慎重に行う必要がある。防虫剤は、クレオソートのほか、ナフタレンも同時に使用されていたようである。乾燥剤として、床板の障子板の下に石灰粉が敷かれていた。松村標本のラベルの多くは、おもて面に「Japan, Matsumura」と印字され、裏面に手書きで細かい地名、年、月などが記されているのが特徴である。

松村が研究した昆虫標本は、現在も保存・維持されている木造の旧昆虫学教室の建物に保管されていた。1927年(昭和2年)に独立して建てられた石造りの標本庫へ移動、さらに松村が退官したのちの34年(昭和9年)に現在の農学部の建物内に標本室が作られ、長く保管された。99年に総合博物館が設立されると、農学部から総合博物館へ標本が順次移され、現在は松村の収集した標本類の約9割が総合博物館に保管されている。

写真左／松村が作製した昆虫標本
写真右／旧昆虫学教室標本庫

標本100選 05

魚類

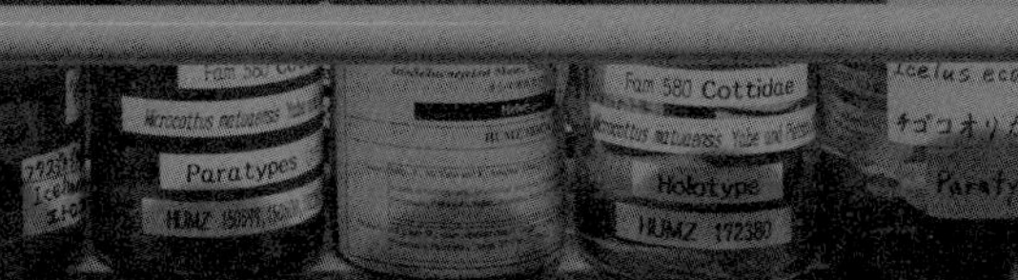

Fam 580 Cottidae
Holotype
HUMZ 172380
Paratypes
Cottidae
Icelus ecornis
チゴコオリカジカ
Paratype

北日本からアフリカ、南米まで世界的コレクション

◎

魚類

田城文人（北海道大学総合博物館水産科学館助教）

215種、約1200点のタイプ標本

函館市には北大水産学部・大学院水産科学院が主として利用する函館キャンパスがあり、水産科学館も同キャンパス内に存在する。水産科学館の中心資料は約24万点の魚類標本（HUMZコレクション）で、他に軟体動物類と甲殻類の標本が所蔵されている。これらに加え、水産学部の研究室が維持、管理するプランクトン資料も保管される。

種の学名を担うタイプ標本は、魚類では215種、約1200点（パラタイプを含む）が指定され、平均すると現在も年間5種程度が追加されている。標本はほとんど全てが液浸状態で保管され、屋内ではアルコール類（イソプロピルアルコールとエタノール）を、屋外大型標本ではホルマリン水溶液を用いている。

北海道という地域性から、コレクションの半数近くが東北、北海道から極東ロシア、アラスカにかけての地域で得られた標本である。1970年代からは海外調査に教員、学生が参加するようになり、中でもグリーンランド、ペルー、インドネシアの深海性魚類や、東アフリカ大地溝帯に位置するタンガニイカ湖の淡水魚類は世界的にも貴重なコレクションとして認知されている。30個のFRP水槽に保管される大型魚類標本群も大きな特徴の一つに挙げられる。

標本管理には81年、魚類標本に関しては国内で初めてコンピュータデータベース（HUMZシステム）を構築した。これらの魚類標本群は、主として体系学（分類学、系統学、生物地理学などの総合学問）的な研究に利活用され、利用者は学内に留まらず、国内外の研究者、博物館水族館関係者、学生にも門戸を開いている。元々は水産学部水産動物学講座（現魚類体系学）が標本の維持、管理を担い、今日に至るまで各種研究活動の材料に供している。

国内最多の学位取得者

北大における魚類学研究の歴史は古く、札幌農学校2期生の内村鑑三に端を発

する。1909年(明治42年)には疋田豊治が着任し、魚類を対象とした分類学的研究が始まった。疋田の退職後は佐藤信一、岡田雋(しゅん)、小林喜雄らが水産動物学講座を立ち上げ、魚類学研究の多様化が進んだ。

比較的地味な活動をしてきた当講座に劇的な変化が起こったのは71年(昭和46年)のことだ。京都大学で学んだ尼岡邦夫が赴任し、系統分類の理論が加わった。尼岡は魚類を対象とした体系学的研究と標本コレクションを世界的なレベルに引き上げ、多くの教え子を育てた。甲殻類の研究者も1人生まれた。

2000年の尼岡の退職後は、仲谷一宏、矢部衞の順にバトンが引き継がれ、現在は今村央と河合俊郎が運営を担い、筆者も協力教員として参加している。博士の学位取得者は累積35人を超え、魚類学分野では国内最多を誇る。

水産科学館は、展示施設である「本館」と「別館」、生物標本の保管施設である「水産生物標本館」の3施設で構成され、水産学部の附属施設としてその歴史は始まった。1958年(昭和33年)7月、北水同窓会からの寄附金によって「水産博物館」の名で現在の本館が開館し、水生生物標本と水産科学に関するさまざまな資料が資料保管兼展示スペースである第1～3標本室に並べられた。水産博物館は64年に「水産資料館」へと名称を変え、83年(昭和58年)には別館が新設された。別館には全長約15mのニタリクジラ全身骨格標本が“ヌシ”として吊り下げられている。

2007年4月には、水産資料館(本館・別館)と水産生物標本館が現在の水産科学館として総合博物館の分館に位置付けられ、魚類標本をはじめとした各種資料群も総合博物館に移管された。16年には水産生物標本館の建て替えも実現し、将来、博物館をはじめとした教育・研究機関での学芸員職務を目指す学生にとって実践的な経験の場が函館キャンパスにも整いつつある。

ただし現在、水産科学館は施設老朽化が大きな問題になっている。展示本館も、耐震性能に著しい低下がみられることから15年に閉館した。若い世代を中心とした市民の生涯教育の場としても重要な展示施設の再整備が待たれる。

P.110左／現在の水産科学館(展示別館)
P.110右／水産生物標本館の屋外に置かれている大型魚類標本用のFRP水槽群
P.111／80代から30代まで6世代にわたる北大の魚類学者。左から尼岡邦夫、仲谷一宏、矢部衞、今村央、河合俊郎、田城文人(2019年12月撮影)

シシャモ

Spirinchus lanceolatus (Hikita, 1913)

脊索動物門有頭動物亜門硬骨魚綱キュウリウオ目キュウリウオ科
HUMZ 1565
1930年11月10日、北海道・鵡川で採集

P.113

北大魚類分類学の事始め

シシャモ(柳葉魚)は日本の固有種で、その名はアイヌ語の「シュシュ」(柳)と「ハモ」(葉)に由来する。北海道太平洋沿岸の浅海域のみに分布し、河川へと遡上して産卵する遡河回遊魚である。“ししゃも”として水産流通する魚類のうち、一般的に安価なのは別種カラフトシシャモで、シシャモは“本ししゃも”と呼ばれる高級魚である。

長い歴史がある北大での魚類を対象にした分類学的研究の始まりはこのシシャモだった。本種は1913年、当時の東北帝国大学農科大学水産学科(現北大水産学部)で教鞭を執っていた疋田豊治によって鵡川で得られた個体に基づき新種記載された。1900年代初頭の他の魚類学者による記載論文は形態特徴を端的に示したものが中心であったのに対し、精密な魚体スケッチから形態・生態的特徴に至るまでを残した疋田論文は異彩を放つ。疋田が分類学のみならず、生物学全般に興味を抱いていたことがうかがい知れる。

現在、北海道むかわ町ではシシャモ漁が盛んだ。疋田論文は、本種の鵡川での漁獲量の多さから、文末を「之れ亦水産上看過すべからざる一魚類なり」の一文で結び、水産的重要性も説いた。疋田が研究と趣味目的で生涯にわたって撮影を続けたガラス乾板写真コレクション(「疋田写真コレクション」)にも鵡川でのシシャモ漁の光景が数多く記録されている。日本人にとって馴染み深いシシャモの名付け親にして食卓まで導いた疋田は、まさに“シシャモの父”と言える。

残念ながらシシャモのタイプ標本は水産科学館のタイプ標本棚には存在しておらず、記載時に観察した個体が標本として残されたか否かも不明である。一方、写真の標本のように、疋田が活躍した時代に採集された鵡川産のシシャモ標本が残されており、わずかながらもタイプ標本が実存する可能性がある。“父”が観察した正真正銘のシシャモを見つけるべく、学生らと日々標本整理を行っている。

1565

230035

← 寄生雄
7 ビワアンコウ

042

キチジ

Sebastolobus macrochir (Günther, 1877)

P.114

脊索動物門有頭動物亜門硬骨魚綱カサゴ目キチジ科
HUMZ 230035
2018年8月30日、北海道・網走沖で採集

日本では祝いの席に魚が並ぶ。魚種は地域によってさまざまだが、「赤い」魚であることが多い。キチジ(“きんき”)は北海道の代表的な祝魚で、一般的な知名度も高い。しかし、標本を展示してもそれがキチジと分かる人は少ない。液浸標本にすると赤色が消えるためだ。液浸標本に色の多様性はない。水族館を期待して博物館に来るとがっかりすることになるかもしれない。そこで、博物館では「カタチ」の多様性に注目してほしい。ではキチジのアピールポイントは?　筆者の答えは「ありません」。魚類標本の展示は本当に難しい。

043

ビワアンコウ

Ceratias holboelli Krøyer, 1845

P.115

脊索動物門有頭動物亜門硬骨魚綱アンコウ目ミツクリエナガチョウチンアンコウ科
HUMZ 77841
1978年3月21日、北海道・室蘭沖で採集

深海魚は珍妙な姿形をもつ種が多く、老若男女を問わず人気がある。水産科学館にある深海魚標本の中で最も“映える”のがビワアンコウの雌個体である。この雌個体、いかにも深海魚的な外観に加え、寄生した雄個体を備える。本種の雄は体長約2cmで雌に寄生し、血管を介して雌から栄養の供給を受けると言われている。教科書や授業で学ぶ知識が直接見られる標本というわけだ。この標本、博物館関係者の間では有名な雌で、日本各地の展示イベントに貸し出しされている。まさに水産科学館所属のアイドルだ。

Bottle 12
HUMZ 178986
HUMZ 196224
HUMZ 196225
Family 329

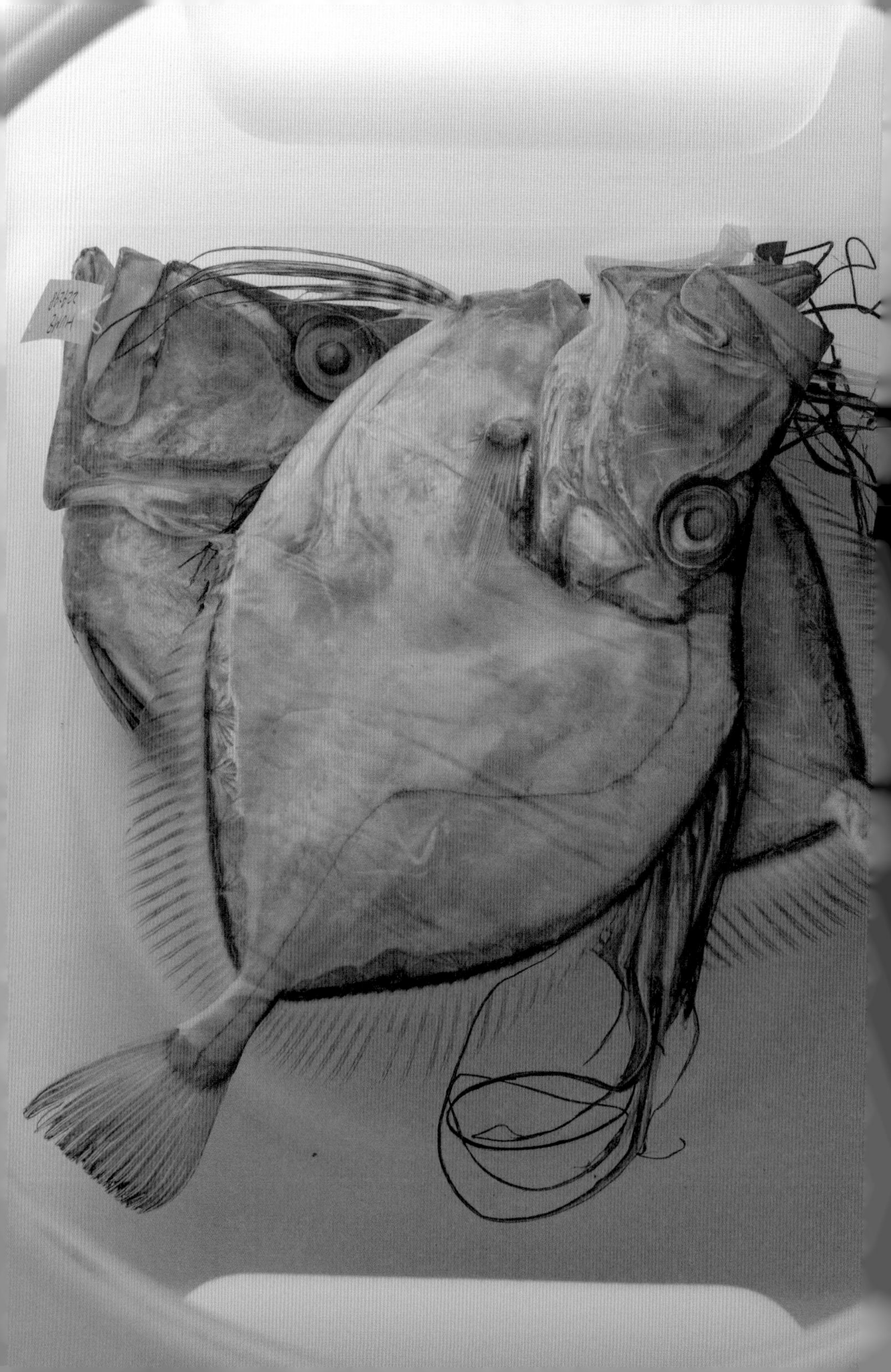

044

ユキホラアナゴ

Ilyophis nigeli Shcherbachev et Sulak, 1997

P.117

脊索動物門有頭動物亜門硬骨魚綱ウナギ目ホラアナゴ科
HUMZ 178986ほか計39点(標準和名基準標本)
北海道および東北沖太平洋で採集

水産学部が北海道沖で実施する深海トロール実習で漁獲され、長らくリュウキュウホラアナゴに同定されていた。「“琉球”にしては北国で多い」との素朴な疑問から精査を重ね、本種にたどりついた。リュウキュウの方はその名のごとく南日本に産することが分かったので、こちらの和名には北国(&白っぽい体色)を連想させる“雪”をあてた。写真の標本群の容器には果実酒瓶を利用している。細長い生物+アルコール+果実酒瓶の組み合わせは琉球のハブ酒のよう。少々ウケを狙ったわけだが、安定的な保管を考えるとこの方法がベストなのだ。

045

イトヒキカガミダイ

Zenopsis filamentosa Kai et Tashiro, 2019

標本写真はP.118

脊索動物門有頭動物亜門硬骨魚綱マトウダイ目マトウダイ科
パラタイプ
HUMZ 229297, 229298
2018年4月19日、高知県・土佐湾で採集

魚類では年間50種以上の新種が見つかっている。以前から知られている種に誤認識されていた事例が近年では多い。イトヒキカガミダイもその一例で、食品としても利用される「カガミダイ」に紛れ込んでいた。ある日、せっせと標本を作っていると、背びれが異様に長い「カガミダイ」がいることに気が付いた。そこでDNAの塩基配列も調べてみると、純粋なカガミダイとは驚くくらい異なっていたのである。有史以来続く名もなき魚と魚類学者のかくれんぼは、分析技術の発展とともに大きく形勢が変化しつつある。

ラウスカジカ

Icelus sekii Tsuruoka, Munehara et Yabe, 2006

脊索動物門有頭動物亜門硬骨魚綱カサゴ目カジカ科
ホロタイプ
HUMZ 187896
2003年12月8日、北海道・羅臼で採集

046

真冬のスキューバで新種発見

水産科学館の魚類標本はほとんどが自然界から得られたものだ。大型船舶を運用した大規模調査で採集された標本や、研究者自らタモ網片手に水辺を駆け巡って集めた標本などさまざまである。スーパーで購入したり、漁業関係者に直接依頼したりすることもある。採集に用いる機器類の発展も目覚ましく、近年特に活躍しているのがダイビング器材である。スキューバダイビングによって人間は水中での自由を獲得した。それにより、従来の手法では採集できなかった新種が続々と発見され、新科新属新種のような大発見もまれにみられる。

赤いリボンがホロタイプ、青がパラタイプ。標本写真はP.121

ラウスカジカは北海道・知床半島の羅臼などに分布する。水深約70m以浅に生息し、体長は最大でも5cm程度の小型種である。本種は水中写真家の関勝則によって発見された。その後、当時北大大学院生だった鶴岡理らがスキューバダイビングを活用して標本を採集し、2006年に新種として発表した。本種の学名*Icelus sekii*は、第一発見者で、採集調査にも同行した関勝則に献名された。

比較的採集しやすい浅海域に生息するが、岩の間隙に身を潜める習性を持つ小型種であるため、従来の手法では採集されなかったようだ。鶴岡をはじめとする北大のダイバー集団は、真冬の凍てつく海もなんのその、ドライスーツを着用し、珍しいカジカ科の小型種を見つけ出した。

筆者もスキューバダイビングを用いた採集を行うが、暖かい海か夏場の北海道南部が限界である。とはいえ、水中で魚を観察していると、互いに近縁な種間でも生態や行動が随分と異なることに気付く。そのような「気付き」は後の研究に生かされる。分類学者こそ、標本庫にこもるのではなく、現場に出て行く必要があるというわけだ。

047

タンガニイカ湖産カワスズメ科の一種

Cyphotilapia gibberosa Takahashi et Nakaya, 2003

標本写真はP.122

脊索動物門有頭動物亜門硬骨魚綱カワスズメ目カワスズメ科
ホロタイプ
HUMZ 157314
1995年1月7日、ザンビア・タンガニイカ湖で採集

タンガニイカ湖の固有種で、北大出身の高橋鉄美と仲谷一宏によって新種として記載された。世界中で観賞魚として流通するが、現地では貴重な食品にもなっている。個人的には素揚げがベスト。この湖での魚類調査には内戦、クーデター、政情不安が常に付きまとい、行きたくても行けない場所も多い。北大の大学院生がクーデターに巻き込まれ、着の身着のまま脱出したという逸話も残されている。標本は欲しい時にいつでも手に入るわけではない。標本は全世界の共通財産という考えの下、異国の資料も適切に管理しなければならない。

048

ワカサギ

Hypomesus nipponensis (McAllister, 1963)

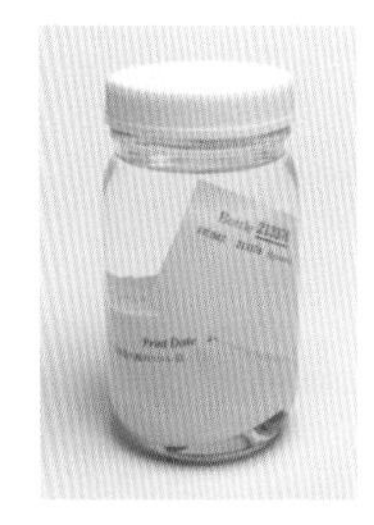

標本写真はP.123

脊索動物門有頭動物亜門硬骨魚綱キュウリウオ目キュウリウオ科
HUMZ 213376
1869年7月1日、北海道・モエレ沼にて採集

農学部から移管された魚類標本群に、1860年代に採集された標本が含まれていた。その一部であるワカサギ3個体は、1869年7月1日に札幌市にあるモエレ沼で採集されたものである。時を同じくして北海道には開拓使が設置された。標本と開拓使との関係は分からないが、興味深い資料である。「いつ」「どこに」「何が」棲んでいたかを知る上で、実物である標本は最も強力な証拠となる。そこに着目し、琵琶湖などを舞台にした過去の魚類相の復元も試みられている。標本庫に眠る標本たちは、われわれにさまざまなことを教えてくれるのだ。

204637

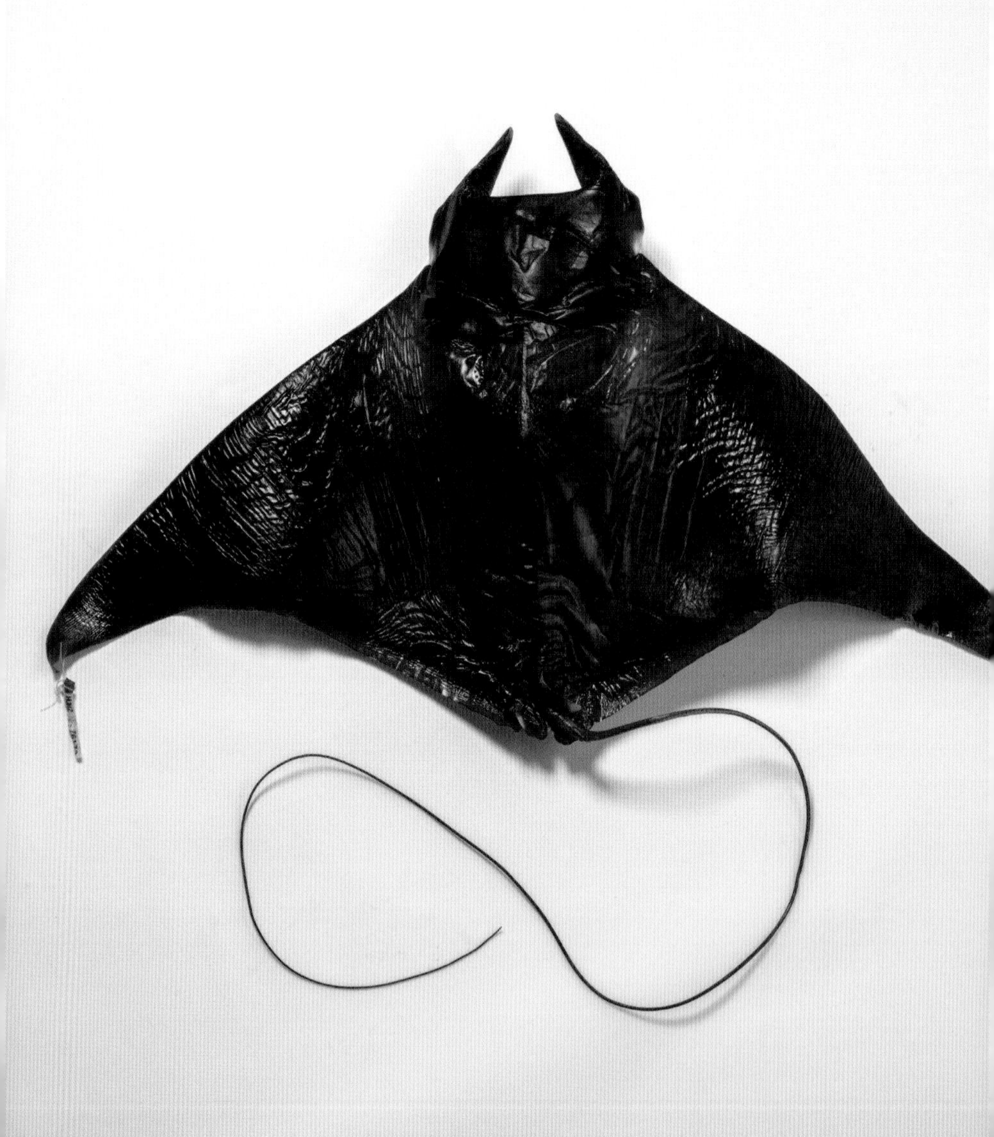

049

ブラウントラウト

Salmo trutta Linnaeus, 1758

P.125

脊索動物門有頭動物亜門硬骨魚綱サケ目サケ科
HUMZ 204637
2009年4月25日、北海道・濁川で採集

ブラウントラウトはヨーロッパに自然分布し、世界各地の河川・湖沼に移植され、日本にも昭和初期に導入された。北海道ではほぼ全域で分布が認められている。在来種に対する影響が懸念され、環境省による「要注意外来生物」の指定を受けている。本標本は降海型(スモルト)個体で、北海道渡島半島を流れる河川の河口域で釣獲された。海を介した分布拡大メカニズムを、本標本は生々しく物語る。さまざまな要因で姿を消しつつある在来種に加え、本種のような外来種も標本として情報を記録し、未来に残していく必要がある。

050

イトマキエイ

Mobura mobura (Bonnaterre, 1788)

P.126

脊索動物門有頭動物亜門軟骨魚綱トビエイ目トビエイ科
HUMZ 76173
1978年8月18日、函館・臼尻で採集

イトマキエイは南の暖かい海に棲み、群れを成して表層付近を泳ぐ。2016年11月、大型個体が函館市臼尻に敷設された定置網に複数入網し話題になった。南の海から対馬暖流に乗って来遊してきたと考えられ、同年10月には、その途中にある京都府舞鶴市で本種を見かけた。南方性魚類の北上現象は古くからよく知られている。標本個体も1978年に臼尻で漁獲されたもので、他の博物館には1883年臼尻産の剥製標本も残されている。生物の進化は現在進行形。未来の臼尻では、冷たい海に適応進化した種が群泳しているのかもしれない。

05 色味を残す撮影セット

道具箱

　生きた魚を標本として保存する。この際に問題になるのが色味をどう残すかだ。魚体をホルマリンで処理し、アルコールに浸けて保存する「液浸標本」では、時間がたつにつれ魚体の変色が避けられない。

　北大水産学部で明治の終わりから昭和にかけて教鞭を執った魚類学者・疋田豊治(1882〜1974)は、「ガラス乾板」をネガに使ったおよそ3000点に上る魚類標本の写真を残している。その被写体は人物や風景にまで及んだ。

　北大総合博物館水産科学館助教の田城文人さんは「標本写真ならだれにも負けない」という自負がある。北大水産科学院博士課程修了後、国立科学博物館動物研究部(茨城県つくば市)を経て勤務した京都大学舞鶴水産実験所で1000を超す標本写真を撮った。いかにコストをかけずに魚体の微細な特徴を記録するかに没頭する姿は、同僚たちから「写真バカ」と評されるほどだった。

　とはいえ特別な道具は使わない。ごく一般的なコピースタンド(複写台)に自前のカメラを取り付け、両側からライトを当てる。カメラのモニターを見ながら目にピントを合わせる。標本を水槽に入れた状態で撮影するのがポイントで、これにより光の反射を抑え、細部まで正確に写すことができる。このやり方はつくばや舞鶴での研究時代に習得したものだ。

　こだわりは水槽の下に敷く布にもある。写真の用途や標本の種類によって黒、白、青と使い分ける。すべては理想の標本写真を残すため。「標本は生き物の命をもらうもの。だからこそ正確な姿を残したい」。魚に魅せられた研究者魂が、函館の地で脈々と受け継がれている。(北海道新聞出版センター・仮屋志郎)

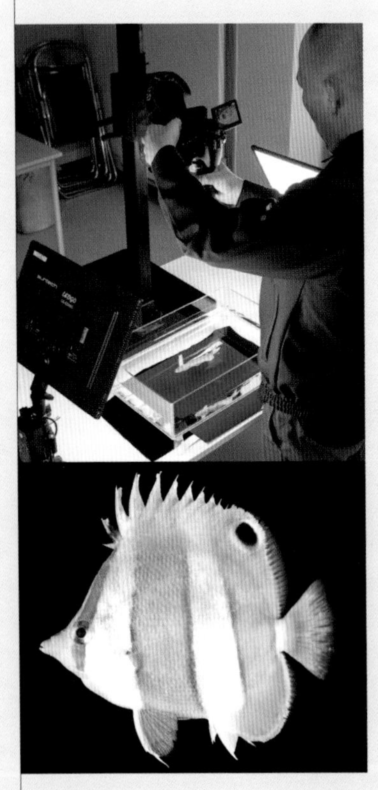

上／自作の撮影セット
下／ゲンロクダイの標本写真(撮影＝田城文人)

魚への愛、広く深く

［博物学者列伝⑥］

尼岡邦夫

AMAOKA Kunio
1936～

日本の魚類学研究を支える学術学会として日本魚類学会がある。日本魚類学会は2018年に設立50周年を迎え、それに伴う記念大会と祝賀会も開催された。その際、尼岡邦夫名誉教授が永年功労者の一人として表彰された。現在北大には筆者を含む3人の現役教員が魚類体系学的研究に取り組んでいるが、われわれは尼岡名誉教授の弟子・孫弟子にあたる。ここでは敬愛を込めて「尼岡先生」と呼び、先生のエピソードを紹介する。

尼岡先生は1936年（昭和11年）に和歌山県で生まれ、高知大学を経て京都大学に進学した。当時の高知大学では蒲原稔治博士（1901～1972）が、京都大学では松原喜代松博士（1907～1968）がそれぞれ講座を運営し、魚類分類学を中心とした研究に取り組んでいた。松原博士は分類学に進化的観点を組み込んだ系統分類学研究者で、在職中に10人以上の門下生が輩出した。現在日本で活動する魚類学関係者の多くは「松原一門」に属する。

先生は松原博士の指導の下、カレイ目ヒラメ類の系統分類学を研究テーマにし、67年（昭和42年）に農学博士の学位を取得した。その後、水産大学校で教鞭を執り、71年に北大水産学部に異動。当時の講座責任者であった岡田雋教授の理解もあって、水産動物学講座は魚類の分類・系統分類の研究拠点として歩み始めた。退職までに尼岡先生の下で博士の学位を取得した研究者は20人近くになり、その数は偉大な教育者とも呼ばれる師匠・松原博士を上回る。門下生には、大学の教育者に加え、博物・水族館や水産系研究機関で活躍する人材も多い。彼らは国内外で後進を育成し、現在は孫弟子にあたる世代が続いている。

これまでに先生が記載に関わった魚類の新種は67種で、そのうち33種が最も専門としているカレイ目ダルマガレイ科である。傘寿を過ぎた現在も研究活動は継続中で、ここ数年間は、毎年春になると仲谷名誉教授と連れ立って台湾の博物館に1カ月ほど滞在し、現地の研究者らと調査・研究に取り組んでいる。

先生は“好きな魚”と“嫌いな魚”がハッキリとしている。筆者が研究する分類群はことごとくお嫌いなようで、「下品な顔をしているからワシは好かん」と散々だ。一方、面白いことが分かるといつも楽しそうに聞いてくださる。“嫌い”というのは、単に興味が湧かないだけなのだろうと筆者は思っている。

先生の研究業績を眺めると、分類・系統分類のみならず、仔稚魚や機能形態などに関する諸研究もあり、興味の対象が魚類学全般にあることがうかがい知れる。その礎となったのが学生・若手研究者時代に経験した野外採集だと聞いた。時代は高度経済成長期にあたり、日本の沿岸や沖合では漁業活動が活発化し、漁港には多種多様な魚類が水揚げされていた。各地を行脚し、標本として収集しつつ、疑問があれば自身で調べたり文献を読み解いたりしたそうだ。特に深海魚に対しての造詣が深く、2009年と13年に出版された深海魚に関する2冊の一般書は研究者にとっても大変参考になる本である。余談だが、筆者が初めて記載した新種アンコクホラアナゴの"暗黒"は、先生の書籍タイトルを参考にしたものだ。

パソコンを利用した標本データベースの運用は、魚類標本では北大が国内初となったが、これは尼岡先生の「新しい物好き」がきっかけである。1980年(昭和55年)に実施した米国での標本調査中にコンピュータデータベースを目の当たりにし、帰国後に早速取り組んだそうだ。カメラや写真も好きな分野なので、標本の鮮時写真コレクションも75年に始まっている。昨年の研究室の大掃除の際には、大量のニコン・FMシリーズやNIKONOSシリーズが見つかり、デジタル一眼レフカメラの初期型であるE3まで"発掘"された。水産科学館にドキュメントスキャナーが導入されると、昔の自著を自宅から持ってきてはバリバリと裁断し、一生懸命「自炊」活動に励まれていたそうだ。

現在先生は、山の麓にログハウスを構え、悠々自適な隠居"しない"生活を送っている。渓流が良い季節を向かえるとのベ竿片手に入渓し、冬になるとシーズン券片手に雪山を滑降する日々だ。他の研究者に依頼されたサンプルや学生実験に供する標本を釣ってきたり、外国人留学生と一緒にスキーや氷上ワカサギ釣りを楽しんだりもしている。他にも、カヌー、自転車、散策、家庭菜園など、多趣味な先生の生活はとにかく「多忙」の一言。そして共通するのが、とにかく自然を愛するという姿勢である。「自然史に関わる研究に取り組むためには、まずは自ら自然の世界に入り込むことが重要なのだ」と、われわれに教えてくれているのかもしれない。

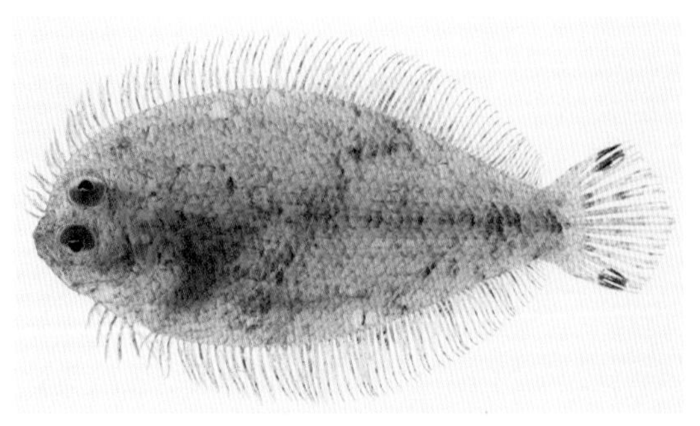

1963年に尼岡先生が新種記載したチカメダルマガレイ

標本100選 06

無脊椎動物

主に海産の9万点を収蔵

◎無脊椎動物

柁原宏（北海道大学大学院理学研究院准教授）

「動物界」の大半は無脊椎動物

北大総合博物館無脊椎動物コレクションは、昆虫を除く主に海産の無脊椎動物標本約9万点（そのうちタイプ標本はおよそ2千点）から成る。学術的に貴重なコレクションが含まれるのは刺胞動物、扁形動物、紐形動物、軟体動物、環形動物、苔虫動物、節足動物（ウミグモ類、ダニ類、ソコミジンコ類、貝形虫類、端脚類、等脚類、タナイス類）、緩歩動物、線形動物、動吻動物、棘皮動物である。

1930年（昭和5年）に理学部が設置された時点で既に、農学部では松村松年教授が昆虫の分類学的研究を発展させており、水産専門部（現在の水産学部）では魚類の研究が行われていたが、北海道周辺の海産無脊椎動物に関してはほとんど何も知られていなかった。大学院時代から東京大学三崎臨海実験所でクラゲなどの研究に従事してきた動物系統分類学教室初代教授の内田亨がおもに海産の無脊椎動物を選んだのは自然な成り行きであったといえる。

「動物界」は現在およそ35個の動物門から構成されると考えられている。脊椎動物は脊索動物門の中の1亜門である。つまり「門」のレベルで見ると、動物界のほとんどは背骨のない「無脊椎動物」から成っている。そのうち現生の海産種が知られていないのは有爪動物門（カギムシの仲間、全て陸棲）と微顎動物門（すべて淡水棲）の二つである。「門」レベルでは、ほとんどの動物は海産無脊椎動物であるということができる。

無脊椎動物の標本は大まかに乾燥標本と液浸標本に分けられる。前者には、動物の体をそのまま乾燥させた狭い意味の乾燥標本があるが、広い意味ではスライドグラス上に封入されたプレパラート標本や走査型電子顕微鏡用の標本などもここに含めてよいだろう。狭義の乾燥標本には、貝類の軟体部を除去した貝殻標本や、サンゴの骨格、コケムシの群体、棘皮動物の骨格標本などがある。液浸標本とは、文字どおり液体に浸された状態で保存される標本で、保存液には主にフォルマリンやエタノールが用いられる。ヒラムシやヒモムシなどの硬い外骨格を持たない柔らかい動物は、そのまま固定液に入れると収縮してしまう。これを避けるため、塩化マグネシウム水溶液などで麻酔してから固定するのが一般的である。

厳密な分類のために

生物標本は、①タイプ標本、②証拠標本、③それ以外の標本に分けられる。分類学は生物の「類」を認識し、それを他の類から区別することを目的とした営みである。見出された生物の類(分類群)に対して学術上固有の名称(学名)を与えることで、科学的に厳密・正確な意思疎通が普遍的に可能になる。学名を担うタイプ標本の保管が重要である理由はここにある。タイプ以外の標本であっても、何らかの研究に使用された証拠標本は、後世の検証のために保存されるべきである。証拠標本でなくても、例えば安定同位体比を調べることによって、採集当時の生息環境やその生物の栄養状態を推定する新たな研究の資料として活用することができる。

1976年ごろ、小樽市立潮見台中学校の伊藤潔によって寄贈された貝類コレクション246点の目録が整理された。貝類標本には1番から246番までの整理番号が振られ、ラベルに記された。当時講師であった伊藤立則はその後も教室所蔵の動物標本全てに対してこのとき用いた通し番号を割り振ろうと考えたようであり、自身が研究に用いた標本にも247番から始まる通し番号を付け続けた。

その後85年に、当時大学院生であった石丸信一の提案により、教室所蔵のコレクションに対して「北大動物学教室」を意味するアクロニム(頭字語)ZIHUが使用され始めた。ZIHU標本情報の大部分は2002年に文部科学省の支援を受け、加藤哲哉によって電子化された。14年になって、広島大学旧動物学教室の収蔵標本を意味するアクロニムが国際的なデータベース上で先取されていることが判明した。これを解消するため、北大コレクションのアクロニムはICHUMと改称された。18年には生物科学科4年生の東田有希が卒業研究の一環として標本データ構造の変更に取り組み、生物多様性情報の国際的標準形式に準じたデータ項目を整え、現在に至っている。

P.132左／奥田四郎(1905〜50)。1950年に助教授。環形動物多毛類の分類学的研究で知られる
P.132中／山田真弓(1923〜2018)。1962〜83年に教授。ヒドロ虫類の第一人者
P.132右／若き動物学者たち。70年代に札幌駅で撮影。左から伊藤立則、マシュー・ディック、馬渡駿介
P.133／室蘭の磯でスノーケリングをしながら海産無脊椎動物を採集する学生たち

ミズダニの一種

Pseudosperchon nipponicus Uchida, 1934

節足動物門鋏角亜門蛛形綱胸板ダニ上目ナガレダニ科
シンタイプ
1932年8月4日、層雲峡近傍の川底の石から内田亨が採集

051

内田教授記載の希少標本

少壮教授内田亨は北大着任の翌1932年、旺盛に道内外各所へ採集旅行に出かけている。2月と7月には千歳で、8月には層雲峡で、それぞれ淡水性のダニ類(ミズダニ類)を採集し、2年後の34年に1新亜属7新種を含む8属15種の論文としてまとめた。

広義の「ミズダニ類」とは、直近の共通祖先とその全ての子孫からなる群(単系統群)ではなく、水中で生息するようになったケダニの仲間とウシオダニの仲間の寄せ集めからなる群(多系統群)であり、世界に約3000種、日本からは300種程度が知られている。体長は0.5mm～1mmで、茶、黄、赤、橙、紫、青などの美しい体色のものが多い。〈卵→卵蛹→幼虫→第一蛹→若虫→第二蛹→成虫〉のように成長の過程で2回の変態を経る。幼虫は必ず他の動物(主に水棲昆虫)に寄生して栄養を吸収する。あるものは幼虫段階の宿主に寄生し、宿主が羽化して陸上生活を送る間ずっと一緒に水を出てすごし、宿主が交尾・産卵のために水辺に戻ってきた際に宿主から離脱して水中自由生活を送るものもいる。

内田は欧州遊学中の1930年、3月下旬から7月初旬にかけてパリ大学進化生物学研究所に滞在した。その折にパリ近郊で採集したミズダニ類7種の自然史ノート(光に対する反応、体を清掃する行動、採餌行動、交尾、産卵、発生)を帰国後の32年に公表している。恐らく37年には、当時4年生だった今村泰二とともに大雪山に採集に出かけており、今村にミズダニ研究を託すことにしたようである。翌38年に今村は厚岸の床潭にある泥炭地沼に棲むドブガイに寄生するミズダニの生活史に関する論文を発表したが、大戦中大陸に出征し、研究を中断せざるを得なかった。

写真の種は内田による原記載以降、今村も含めてまだ誰も再発見していないまれな種であるようである。丸いカバーグラスの周りに黒色のシールがされており、ダニの体はその黒丸の中(写真では中心からやや上)に薄茶色の小さな塊として見えている。

Pseudosperchon
nipponicus
♂

Sounkyo
(Hokkaido)
Aug. 4, 1932

ヒメヒトデ属の一種

Henricia reniossa Hayashi, 1940

棘皮動物門ヒトデ綱ルソンヒトデ目ルソンヒトデ科
シンタイプ
ZIHU 2396
1906年9月30日、「ボマシリ島」水深86ファゾムでアルバトロス号採集

20世紀初頭、アルバトロス号で採集

P.137

ヒメヒトデ属には現在、世界の94種が含まれている。日本からは内田亨が1928年に記載したヒメヒトデ*Henricia nipponica* Uchida, 1928と、林良二が40年に記載した15種1亜種のあわせて16種が知られる。日本近海に普通に見られるが、地理変異が多く、分類の困難な群とされる。

*Henricia reniossa*は、米国の蒸気船アルバトロス号が1906年に行った日本近海の調査航海の際に採集された写真の標本に基づき、林良二によって記載された。ラベルに記載された採集地「ボマシリ島」が現在のどの島かは不明。「ファゾム」は日本で言うところの「尋」に相当する単位で、約1.8m。

林は北大を卒業後、富山大学文理学部初代教授に就任し、富山大生物学教室に今日まで続く棘皮動物研究の伝統の礎を築いた。北大標本庫に収蔵されている林のヒトデ類コレクションには、日本の海洋調査船「蒼鷹丸」が1926～30年に行った北西太平洋探検航海によって得られた標本や、五島清太郎(一高教授を経て東京帝大教授)から内田が譲り受けた貴重な標本(アルバトロス標本もその一部)なども含まれている。五島は1906年のアルバトロス航海に乗船参加しており、ヒトデ研究を内田に託した。

アルバトロス号は1882年に建造された海洋調査船である。約40年にわたる就航期間中、主にサンフランシスコを母港として、周辺の北米太平洋岸の海洋調査だけでなく、ベーリング海、オホーツク海、千島列島におけるオットセイ、サケ、ハリバットなどの漁業資源探査や、ハワイ—サンフランシスコ間の海底ケーブル敷設のための水路測量をはじめとする北太平洋の調査航海に使われた。海洋学者アレグザンダー・アガシーも度々乗船し、ガラパゴス諸島やトンガ、フィジーなどのオセアニアで調査している。1898年には米西戦争、1916～17年には第一次世界大戦のため、海洋調査の艤装に代わって艦砲を搭載して戦役の後方支援に従事。日本には1900年と06年に来航している。

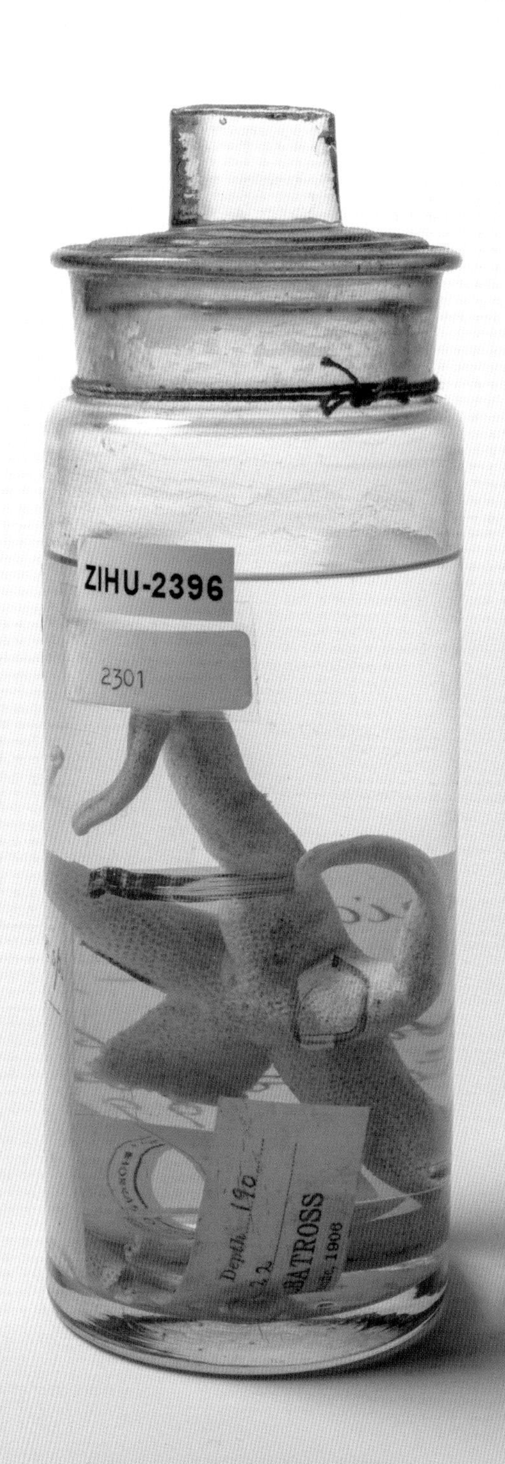
ZIHU-2396
2301

1
2
3
4
5
6
7
8
9
10
11
12
13
14
15
16
17
18
19
20
21
22
23
24
25
26
27
28
29
30
31
32
33
34
35
36
37
38
39
40
41
42
43
44
45
46
47
48
49
50

ZIHU-1926 Holotype
Zygonemertes shintai Kajihara, 2002
1
2
3
4
5
6
7
8
9
10
11
12
13
14
15
16
17
18
19
20
ZIHU-1926 Holotype
Zygonemertes shintai Kajihara, 2002

053

セイスイプレーンヒラムシ

Paraplehnia seisuiae Oya, Kimura et Kajihara, 2019

扁形動物門多岐腸目プレーンヒラムシ科
ホロタイプ
2017年11月9日、水深約300mで得られた海底基質から大矢佑基が採集

P.138

ヒラムシの仲間は多岐腸目を構成し、世界に約800種、日本からは約150種が知られる海産無脊椎動物である。本種はたった1個体の標本に基づいて原記載された。得られた貴重な標本は生時の体長2.6cm、幅1.1cm。塩化マグネシウム水溶液で麻酔後、DNA抽出用に体縁部を一部切除、残りの部分はブアン氏液で固定された。写真はこの残りの部分の連続切片で、パラフィン包埋してミクロトームで作成したものである。この標本は三重大学の練習船「勢水丸」による調査航海に大学院博士課程の大矢佑基が参加した際に得られたものであり、和名と種小名は船名にちなんでつけられた。

054

シンタヒモムシ

Zygonemertes shintai Kajihara, 2002

紐形動物門針紐虫綱単針亜綱ヤジロベエヒモムシ科
ホロタイプ
ZIHU 1926
1998年7月2日、北海道忍路湾潮間帯で柁原宏が採集

P.139

ヒモムシの仲間(紐形動物)は世界に約1300種、日本から約120種が知られる主に海産の無脊椎動物で、消化管の背中側にある体腔に納められた吻を使って獲物を捕らえる肉食動物である。ヒモムシの仲間は極めて長くなるものも知られ、ギネスブックに載っている最長記録は55mだが、本種はせいぜい2cmほど。写真の標本は塩化マグネシウムで麻酔をかけて固定した後に脱水・透徹したものをパラフィンに包埋してミクロトームで輪切りの連続切片としたもので、16枚のスライドグラスからなる。和名及び種小名は、1944年から2002年まで忍路臨海実験所の管理人を務めた信田和郎に献名された。

ZIHU 4946
Trilobodrilus nipponicus 23 Sept. 2014 Akkeshi

Pheretima timpoongensis
Camiguin Is., Philippines; Oct. 2001
1

055

スナムカシゴカイ

Trilobodrilus nipponicus Uchida et Okuda, 1943

P.141

環形動物門ウジムカシゴカイ科
トポタイプ
ZIHU 4946
2014年9月23日、北海道厚岸町愛冠岬で生駒真帆、蛭田眞平、柁原宏が採集

スナムカシゴカイは体長0.7〜1.4mmで、海岸の砂のすき間に棲んでいる。本種は内田亨と奥田四郎によって厚岸湾から原記載されてから70年以上再発見されておらず、電子顕微鏡で観察しなければ分からないような体表の繊毛の生え方やDNA塩基配列など、他種との区別に必要な情報が欠落していた。このため石狩浜で同属種が発見された際に、厚岸産の本種と同種なのか別種なのかを確かめるため、写真の標本が採集された。標本は走査型電子顕微鏡観察用であり、脱水・乾燥後アルミニウムの円筒の表面に両面テープで接着され、イオンスパッタ装置を使って金をコーティングしてある。

056

フトミミズ属の一種

Pheretima timpoongensis Aspe et James, 2016

P.142

環形動物門フトミミズ科
2004年10月フィリピン・カミギン島のティムポオン山(標高1350m)で
ノニロン・アスペが採集

2016年に北大で学位を取得したノニロン・アスペ(現ミンダナオ州立大学教授)はフィリピンのミンダナオ及びその周辺島嶼(カミギン島もその一つ)から得られた標本をもとに陸棲フトミミズ科貧毛類の研究を行い、本種を含めた39の新種を記載した。フトミミズ科多毛類は世界に2000種ほどが知られ、そのうちの半数以上を占める広義フトミミズ類の多様性の中心は東南アジアと考えられている。狭義のフトミミズ属の種数の半分程度はフィリピンに集中している。本種のタイプ標本はフィリピン国立博物館に収蔵されており、北大の標本はアスペが研究に使用した残りである。

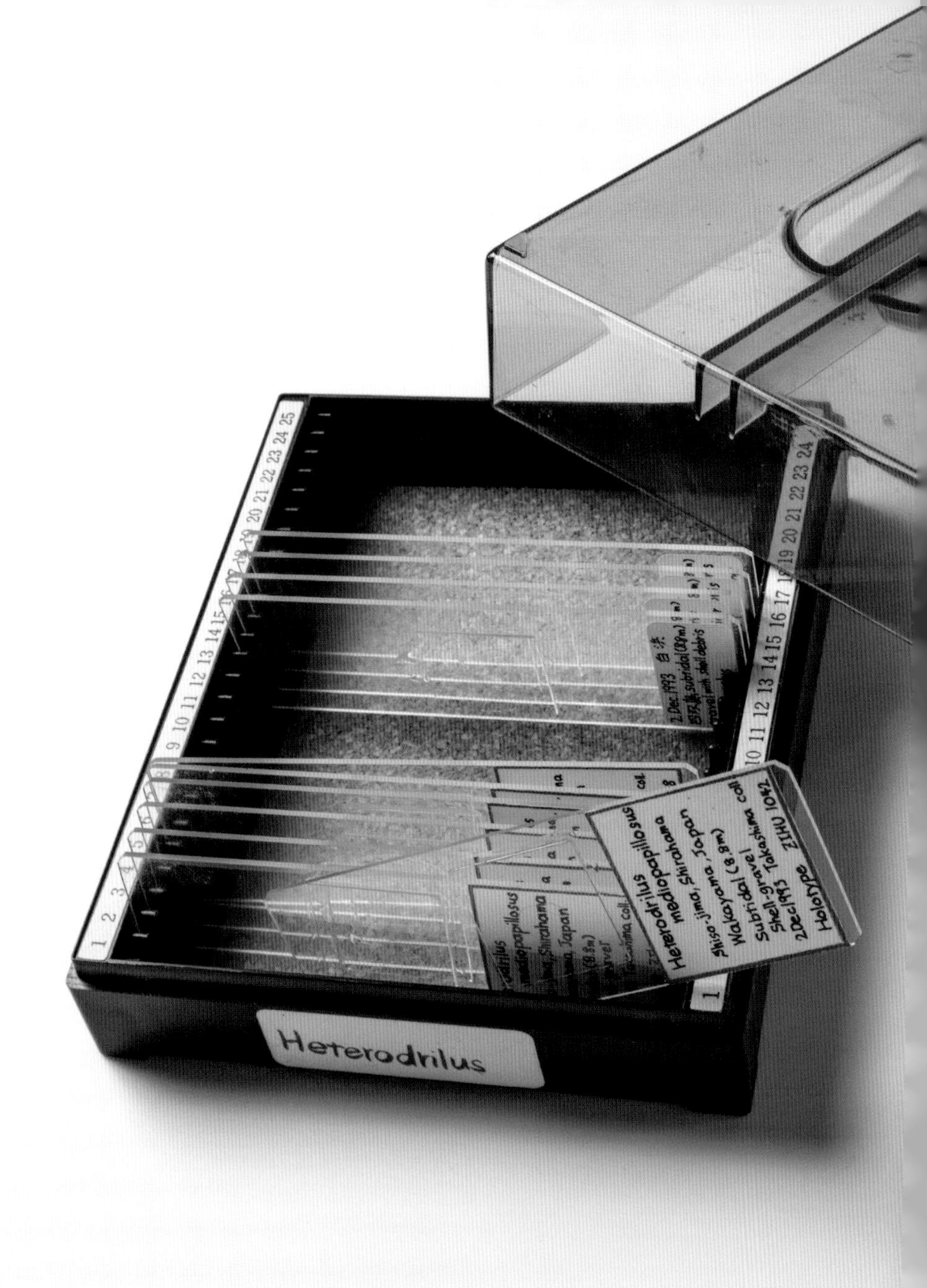
Heterodrilus
Heterodrilus
mediopapillosus
Shirahama, Japan
Shiso-jima, Japan
Wakayama (8.8m)
Subtidal
Shell-gravel
2Dec1993 Takashima coll
Holotype ZIHU 1042

nasutus

057

イトミミズの一種

Heterodrilus mediopapillosus Takashima et Mawatari, 1997

P.144

環形動物門イトミミズ科
ホロタイプ
1993年12月2日、和歌山県白浜町四双島の潮下帯水深8.8mで高島義和が採集

意外に思われるかもしれないが、海にもミミズの仲間(貧毛類)は棲んでいる。貧毛類には大型の陸棲種と、イトミミズに代表されるような小型の水棲種がある。後者は川や湖沼のような淡水域に多く見られ、1980年頃までは海産の貧毛類はまれな存在であると思われていたが、その後の研究により世界で約千種、日本からは20種程度の海産イトミミズの仲間が見つかった。その多くは砂のすき間に棲んでおり、潮上帯から、7000mを超える深海にまで分布している。写真のミミズは体長1.5cm、体幅0.3mm程度で、エタノールで固定後、脱水して樹脂で包埋してある。

058

ハナダカアプセウデス

Longiflagrum nasutus (Nunomura, 2005)

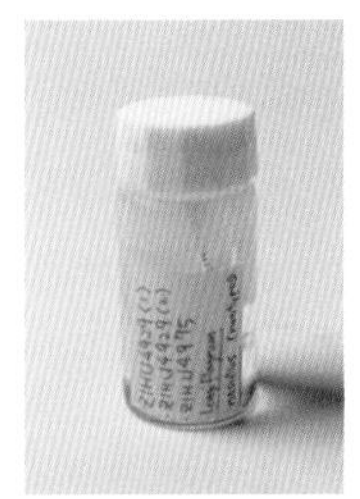
標本写真はP.145

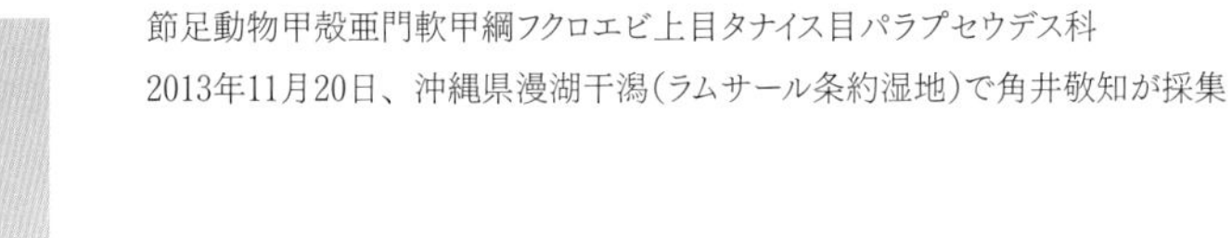

節足動物甲殻亜門軟甲綱フクロエビ上目タナイス目パラアプセウデス科
2013年11月20日、沖縄県漫湖干潟(ラムサール条約湿地)で角井敬知が採集

タナイス目は等脚目(ダンゴムシの仲間)や端脚目(ヨコエビの仲間)とともにフクロエビ上目を構成する海産小型甲殻類で、世界に1400種、日本に100種が知られている。写真の標本はタナイスから世界で初めて吸虫が寄生していることが確かめられた証拠標本である。寄生していた吸虫は、塩基配列データからミクロファルス科のものと同定された。ミクロファルス科吸虫の終宿主(有性生殖が行われる宿主)の多くは鳥類であることが知られており、ハナダカアプセウデスは、湿地に飛来する水鳥に食べられることで、ミクロファルス科吸虫の中間宿主として利用されている可能性が示唆された。

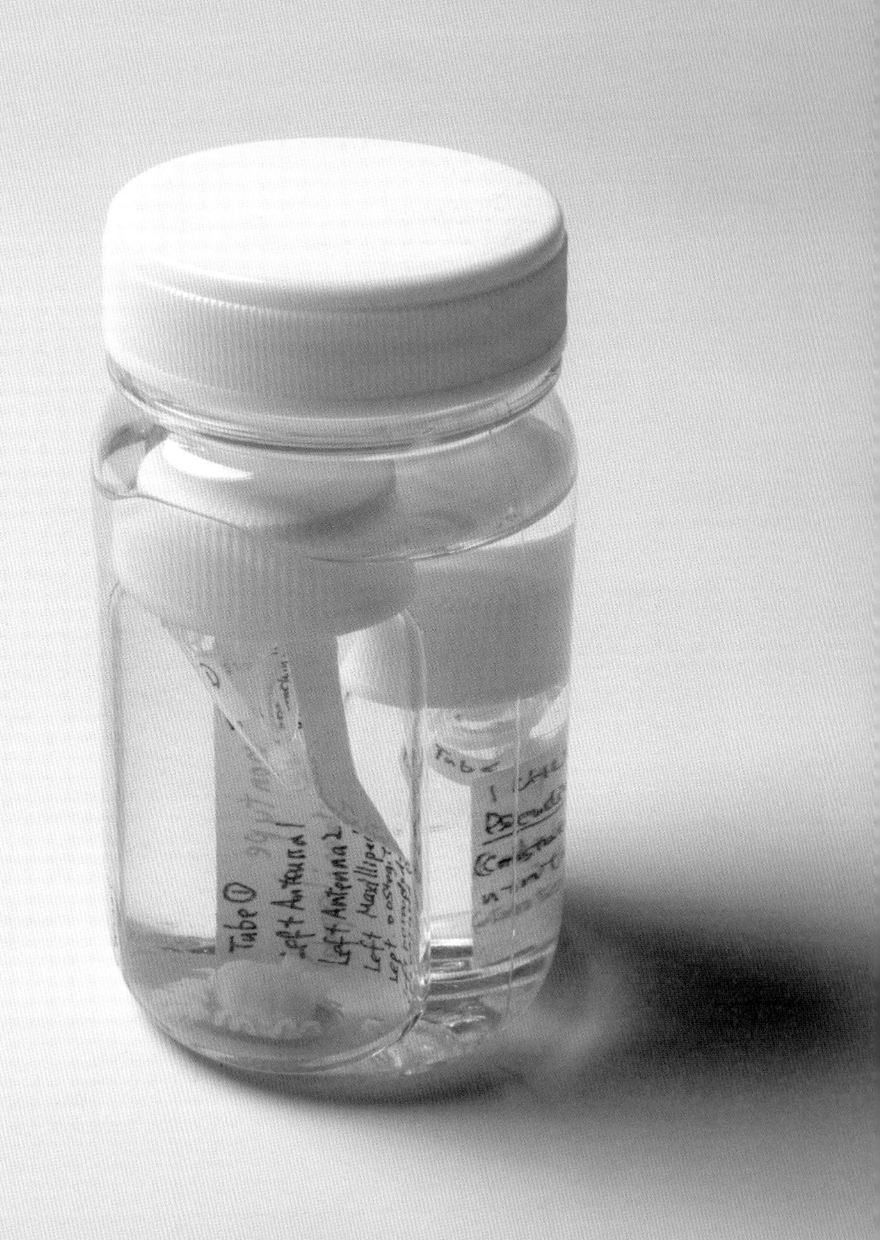
Tube ①
Left Antenna 2

ZIHU-1963
ZIHU-1963 Santia longisetosa Shimomura & Mawatari, 2001; Shimomura & Mawatari id.; holotype male, 1.0 mm

059

エビヤドリムシ科の一種

Pseudione nephropsi Shiino, 1951

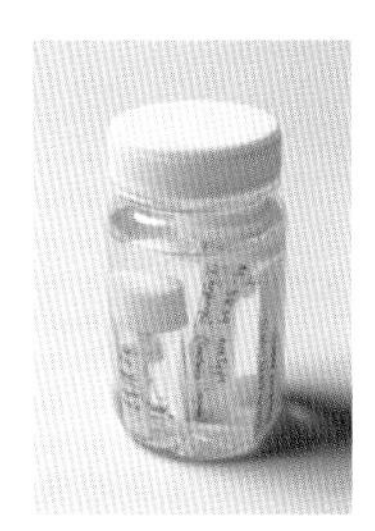

標本写真はP.147

節足動物甲殻亜門軟甲綱フクロエビ上目等脚目エビヤドリムシ科
2017年11月9日、熊野灘の水深298～310mから角井敬知が採集
アカザエビ*Metanephrops japonicus*(Tapparone-Canefri, 1873)胸部の鰓室に寄生

ダンゴムシやワラジムシの仲間を等脚類と呼ぶ。約1万種が知られるこのグループの約半数の種は海に棲んでいる。その中には自由生活するものだけでなく他の生物に寄生するものも多く知られており、*Pseudione*属はその一群。47種の全てがエビの鰓に寄生し、アカザエビ科に寄生するものは本種を含めて4種知られている。本種は三重大学の椎野季雄によって日本から記載されたが、形態に基づいてインドネシアからも1991年に報告されていた。角井敬知らは2019年に公表された論文中で日本産個体からDNA塩基配列を決定し、将来別の場所で似た標本が採られた場合の種の異同を判別する一助とした。

060

サンティア科の一種

Santia longisetosa Shimomura et Mawatari, 2001

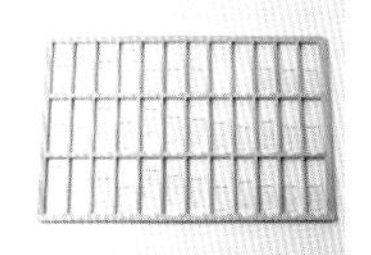

P.148

節足動物甲殻亜門軟甲綱フクロエビ上目等脚目ミズムシ亜目サンティア科
ホロタイプ
ZIHU 1963
2000年6月27日、高知県室戸岬の潮下帯水深50cmで下村通誉が採集

「ミズムシ」という名で呼ばれる生き物のグループは三つあり、それぞれ菌類(白癬菌)、昆虫類(半翅目ミズムシ上科)、甲殻類(等脚目ミズムシ亜目)に含まれる。写真の標本は甲殻類のミズムシの一種である。ミズムシ亜目を含む節足動物の体は基本的に体節が連なってできており、各体節から左右に一対の「付属物」が生じている。これらの付属物は体の場所によって触角や顎や脚として機能する。ミズムシ亜目やその他多くの甲殻類の分類学的研究を行うには、これらの付属物を体から取り外してその形態を観察しなければならず、その数は30個以上になることもある。

道具箱

06 ミクロトームで極薄切り

ミクロトームは観察対象を薄く均一に切る装置だ。顕微鏡で組織標本を観察するには、観察対象を2枚のガラスに挟んだプレパラートにする必要があるが、厚みがあってそのままではプレパラートにできない場合、薄く切って切片を作る。観察対象が小さかったり、柔らかくて形の維持が難しかったりすると、適度な支持材に包み込んで固めることで、支持材ごと薄切りしやすくなる。

ミクロトームのハンドルをゆっくり回転させると、ステンレス製の刃の上を試料が横切っていく。上下一往復ごとに、設定した厚さ(写真は5ミクロン)分だけ試料が前進して切片ができる。日本人の平均的な髪の太さは80ミクロンなので、その16分の1の薄さで切り出すことができるというから驚きだ。

切り出されたリボン状の連続切片をパラフィンリボンという。パラフィンリボンをうまく連続切片にするコツは、ていねいにゆっくりやることに尽きる。ピンセットで押さえると柔らかいパラフィンリボンがちぎれやすいので、写真では、筆を添えてリボンを繰り出している。筆先が静電気をうまく逃がしてくれるのだとか。

できたパラフィンリボンからパラフィン(蝋燭やクレヨンの原料になるもの)を除去し、合成樹脂で固めると、永久プレパラートができる。昔は松ヤニの樹脂が使われていた。つまり琥珀と同じ原理である。琥珀は木の樹脂が固まったもので、保存性がきわめて高く、太古の昆虫が閉じ込められていることもある。

ミクロトームによって作られた薄くて均一で永久的に固定された標本。それはサイエンスの根本を支え続ける。(北室)

「柔らかい動物と硬い動物を理解せよ」

[博物学者列伝⑦]

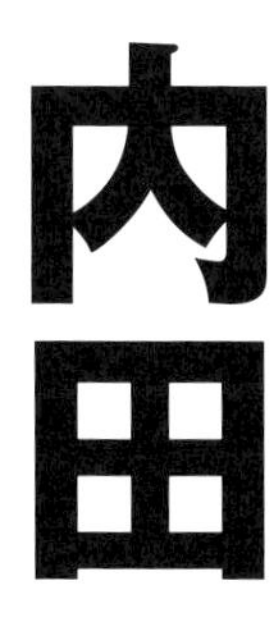

UCHIDA Toru
1897〜1981

静岡県生まれ、1923年(大正12年)東京帝国大学卒業。28年、クラゲの研究により理学博士。戦後の混乱が続く50年、学問の復興のため江崎悌三とともに日本動物分類学会創立に深く携わり、61年(昭和36年)から没年の81年まで会長を務めた。随筆などの著作も多く、昭和天皇の海産動物研究の相談役も務めた。監修にあたった『動物系統分類学』(中山書店)全10巻は生前に全巻刊行を見ることなく、志を継いだ山田眞弓の努力によって99年に38年の歳月をかけて完結した。

北大に理学部が設置されたのは1930年(昭和5年)。動物学科には形態学・発生学・系統分類学の3講座が設けられた。形態学講座には小熊捍が、発生学講座はやや設置が遅れ農学部の犬飼哲夫が兼任という形で、そして系統分類学講座には1年遅れて内田亨が着任した。理学博士の学位を取得した内田には、北大理学部のほか九大理学部や東北大農学部などいくつか就職の話があったが、そのうち北大だけが就任前2年間の海外留学をさせるという条件を提示したため北大行きを決意したようである。29年から欧州各国を歴訪し、31年には米国にも滞在した。同年8月に帰国、札幌に着任したのは理学部開学から1年余りのことだった。

欧米遊学に先立って、系統分類学の講座を受け持つことは決まっていたのだが、内田本人は心のうちに研究の三本柱を構想していた。一つは系統分類学、二つ目は性決定や性転換などに関する実験的な生殖生物学、最後は感覚生理学である。

刺胞動物の分類学が内田の狭い意味での専門であったことは、彼が生涯で公表した134報の欧文学術論文のうち86報がクラゲやイソギンチャク、ヒドロ虫などに関するものであることから歴然としている。また、ミズダニに関する論文は20報(うち4報は今村泰二との共著)であり、内田のもう一つの専門分類群であったことは間違いない。ダニに関する教え子には今村の他、浅沼靖(マダニ・ケダニなど)と江原昭三(植物寄生性ダニ類)がいる。

内田は教え子たちにしばしば「体の柔らかい動物と硬い動物の両方の分類群を専門にするとより深く動物分類学を理解できるようになる」と語っていたそうで、自身の経験に根ざした発言と思われ興味深い。分類には向き不向きがあるので、学生にはテーマを押し付けるようなことはせず、まずは発生や形態から始めさせ、その方面で研究が進展すればそれも良し、またそこから分類に転じた研究に発展するのであればそれもまた良し、という風に考えていたようである。また、新種記載よりは比較発生学によって系統を探るような研究を推奨していたようでもある。

砂のすき間に驚くほど多様な小さい動物——間隙性動物と呼ぶ——が棲んでいることは1920年代から次第に明らかになってきていた。ドイツ・キール大学のアドルフ・レマーネは20年代から新しい間隙性動物を次々と発表しており、内田は30年に訪問先の一つであったキール大学で当時助手だったレマーネから生きている間隙性刺胞動物ハラモヒドラを見せてもらっている。帰国後の内田は32年の4月に東京大学三崎臨海実験所と北大厚岸臨海実験所を訪れ、間隙性環形動物を発見している。内田はそのような間隙性の環形動物に関する論文を4報(うち1報は奥田四郎と共著)公表している。

性決定・性転換に関する研究は、留学先の一つであるカイザー・ヴィルヘルム生物学研究所(現マックス・プランク研究所)のリヒャルト・ベネディクト・ゴルトシュミット(リチャード・ゴールドシュミット)に師事し、帰国後に両生類の性に関する論文を12報発表している。

感覚生理学に関しては、やはりドイツ滞在中に、ミュンヘン大学でミツバチの研究で動物行動学を築いたカール・フォン・フリッシュのもとで学んだ。戦時中には軍から研究を委託されてイヌやミツバチの研究も行っていたようである。戦後、ハチ(桑原万寿太郎・坂上昭一と共著)とイヌ(単著)に関する論文がそれぞれ2報ずつ公表されている。

漢学者の父の影響を受けたためか、内田は相当な文筆家であった。本人は自身の著作の記録を残さなかったようだが、山田眞弓が98年と99年に北大理学部同窓会誌で公表した内田の随筆のリストからは、自然・動物のこと、恩師のこと、自身の生い立ち、趣味だった相撲観戦や力士に関することなど多様な横顔が浮かび上がる。

内田亨。1977年、傘寿の祝賀会で

標本100選 07

古生物

進化しつづける太古の標本研究

◎古生物

小林快次（北海道大学総合博物館教授）

古生物学の巨人たち

北大総合博物館には化石標本が多数収蔵されている。古生物学講座の初代教授である長尾巧に始まり、大石三郎、早坂一郎、湊正雄、加藤誠、岡田尚武といった「古生物学の巨人」と呼ばれる研究者が北大理学部に在籍した。彼らは北大における古生物学の伝統を確立し、多くの貴重な化石標本を残していった。その研究は、微化石から脊椎動物まで多くの分類群にわたる。

微化石を専門とした岡田は、新生代の石灰質ナノ化石層序の研究によりCP-CN化石帯を提唱し、それが国際基準となった。植物化石は大石によって研究された。岡山県成羽層群の三畳紀の植物化石の研究が有名で、1940年(昭和15年)には「Mesozoic Flora of Japan」(日本の中生代植物化石)という大著も上梓している。早坂は多くのサンゴ化石を命名し、東アジアの古生代化石を研究した。湊は古生代の地質構造を対象に多くの研究業績を残したが、その3分の1がサンゴ化石の研究であった。加藤も同じくサンゴ化石研究の第一人者であった。最後に、長尾は本来貝化石の専門だったが、ニッポノサウルスやデスモスチルスの研究成果も残していった。

大型恐竜の全身骨格化石を発掘

近年は過去の化石の再研究が盛んに行われ、北大の学生や院生、OBの手による新事実も明らかになっている。長尾が残していったデスモスチルスとニッポノサウルスを例に挙げて紹介したい。

デスモスチルスの論文は、長尾によって1935年に発表された。その後、東京大学や国立科学博物館の研究者によってさまざまな論点から研究されていた。このデスモスチルスという哺乳類には多くの謎があり、分類や生活について長年議論されている。北大を卒業した鵜野光によって、デスモスチルスの歯に残された安定同位体の分析が行われた。その結果、デスモスチルスは汽水域に棲んでいた可能性があり、海草か海底に棲む無脊椎動物を食べていた可能性が示唆された。

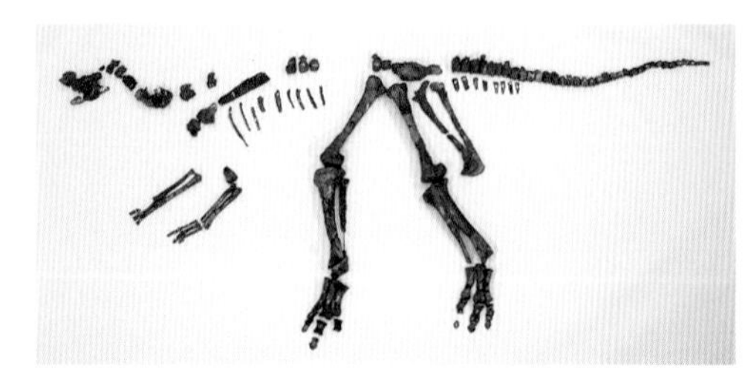

2013年には、北大で博士号を取得した林昭次らによって骨の構造(組織学)が研究された。その結果、完全に水棲適応をしており、水の中で生活していたと考えられるようになった。16年には、北大で修士号を取った千葉謙太郎らが、デスモスチルスが吸引することで餌を捉えていたとの結論を出した。

ニッポノサウルスも例外ではない。この恐竜の論文は1936年に出版され、長尾によって命名された。その後70年ほど経ち、北大で博士号を取得した鈴木大輔らによってニッポノサウルスが再研究された。その結果、この個体が成体ではなく、亜成体であることが明らかになり、ランベオサウルス亜科に属するものだと決定づけた。さらに、カナダの恐竜に近縁であると考え、その祖先は北米大陸からベーリング陸橋を渡って東アジアにやってきたと考えた。ここで研究が終わったかに思えたが、2017年に北大で博士号を取得した高崎竜司らによって、ニッポノサウルスが再々研究され、新事実が判明した。単に亜成体というわけではなく、かなり若い個体であることが分かり、北米ではなくヨーロッパの恐竜に近縁であると提唱された。つまり、ニッポノサウルスの祖先はヨーロッパからやってきた可能性があるという。

現在当館では、北海道を舞台にした恐竜研究はもとより、モンゴルやアラスカといった北方圏に注目した調査や研究が行われている。恐竜時代においてはユーラシア大陸の東端であったこと、海の地層が多く海岸線の生態系の復元が可能なこと、北極圏の恐竜と興味深い関係があることなど、北海道というユニークな地理的立地を生かした多くの研究が進んでいる。

むかわ町穂別博物館との共同発掘により、胆振管内むかわ町穂別地区から日本で初めての大型の恐竜の全身骨格化石を発掘したのは近年の大きな成果だ。この恐竜は19年9月、「日本の竜の神」の意味を持つカムイサウルス・ジャポニクスと命名された。

古生物研究の歴史と伝統が引き継がれた北大は、生命の歴史をひもとく拠点として歩みを続けている。

P.154左／デスモスチルス発掘当時の長尾教授(中央)と大石教授(左)＝1933年夏
P.154右／ニッポノサウルスの全身骨格
P.155／カムイサウルスの全身骨格

ニッポノサウルス

Nipponosaurus sachalinensis

中生代白亜紀後期
産地：ロシア

061

日本最初の恐竜

現在日本各地から恐竜化石が発見されており、日本に恐竜が棲んでいたことは周知のことである。

日本で最初に発見された恐竜化石はこのニッポノサウルスで、それは1934年まで遡る。その後1936年、長尾巧教授によって「日本のトカゲ」という意味を持つこの名前が命名された。

発見地は樺太だが、当時は日本領だったことから、「日本で初めて発見された恐竜化石」と言われている。当然ながら、日本人によって初めて命名された恐竜でもあるため、日本の恐竜研究史においても重要な標本であることは間違いない。

全身の60％の骨がそろっており、日本の恐竜化石でも非常に保存が良い標本といえる。死後、海に流され、海底に沈み、化石になったもので、海の地層から発見されている。世界的に見ても海の地層から発見されているものは数少なく、その意味でも貴重な化石である。

ハドロサウルス科のニッポノサウルスは植物を食べていた。ハドロサウルス科の恐竜は「白亜紀の牛」と呼ばれるくらいおとなしい恐竜とされ、カモノハシのような平たく幅広いクチバシを持っていることから「カモノハシリュウ」と呼ばれる。クチバシで植物をついばみ、上下の顎に数百本も並んだ歯で食物繊維を擦り切っていた。植物を食べていた恐竜は数多くいたが、ハドロサウルス科はその中でも、ずば抜けて植物を食べるのを得意としていた。

ハドロサウルス科には、大きな空洞のトサカを持つグループ(ランベオサウルス亜科)と持たないタイプ(ハドロサウルス亜科)がおり、ニッポノサウルスは前者。ニッポノサウルスの頭の上に付いている小さなコブのようなものはトサカだ。この個体は幼体であることが分かっており、そのためトサカが小さかったと考えられている。成長に伴い、トサカは大きく立派なものへと変化していったのだろう。

デスモスチルス

Desmostylus hesperus

新生代中新世
産地:ロシア

062

謎多い哺乳類

絶滅哺乳類デスモスチルスは謎に満ちている。当館に保管されているものは1933年に発見され、全身骨格として発見されたものとしては世界初だった。

一見恐竜に見えないことはないが、れっきとした哺乳類で、その仲間は、700万年前には完全に絶滅してしまった。デスモスチルスの仲間は束柱類というグループに属する。海苔巻き(柱)を立てて束ねたような歯をしていることからこの名がついた。

哺乳類は咀嚼するために、種類によって歯の咬耗面の形が異なる。そのため、哺乳類化石の分類は歯の形が鍵になる。しかし、デスモスチルスはあまりに特殊化した歯を持っているため、現在生きている哺乳類の中でどれに一番近いのかという分類的な議論は未だに解決していない。

特殊化した歯で、デスモスチルスは何を食べていたのだろうか。その頑丈なつくりから、硬い殻を持った動物を砕いて食べていたようにも見えるが、実はそうではない。デスモスチルスは植物食で、藻や海草類を食べていた。頑丈な歯は、柔らかい藻や海草を食べていたというより、「食いしばる」ためのものであった可能性が指摘されている。吸い込むときに口の中に大きな圧力を生じさせるため歯を食いしばる必要があったというのだ。そのため、モグモグするための凸凹な咬耗面より、食いしばるための柱上の歯を進化させた。

カバのような外見をしたデスモスチルスには、「どこで生活していたか」という謎もある。海岸や浅瀬の海に棲んでいたという考えと、完全に海の中で生活していたという考えがある。大きな前後の四肢は、泳ぎが上手いようには見えない。一方で、近年の研究成果によれば、デスモスチルスは、おそらく30mより浅いところに棲んでおり、泳ぎもうまく、完全に海の中で生活していたという。

063

マチカネワニ

Toyotamaphimeia machikanensis

新生代更新世
産地：大阪府豊中市

P.160

マチカネワニは、約50万年前の大阪に棲んでいたワニで、その全長は7〜8mと推定される。現在のワニは熱帯や亜熱帯に生息しているが、マチカネワニは今の大阪と変わらない気候に棲んでいたと考えられている。

主食は魚だ。細長い鼻先で、水の中でも抵抗少なく素早く獲物を捕らえることができる。顎の後ろの方に生えている歯は、後ろに反っていて、噛みつかれた魚たちは逃げることができない。マチカネワニの噛む力は1.2tほどあったと推定され、魚だけでなく哺乳類を襲うほどの能力を持っていた恐ろしいワニだ。

064

タルボサウルス

Tarbosaurus bataar

中生代白亜紀後期
産地：モンゴル

P.161

北米から発見されているティラノサウルスは世界で一番有名な恐竜だが、アジアにもその仲間が棲んでいた。その代表がタルボサウルスである。ティラノサウルスと同じ時代の約7千万年前のモンゴルに棲み、全長10mを超す巨大な肉食恐竜である。

ティラノサウルス同様、異常なほど小さな腕には2本の指しかないが、頭の大きさは目を見張るほど大きい。鋭い目は前方を向き、獲物との距離を正確に把握し捕えることができた。大きな歯と強靭な顎で獲物を仕留め、骨ごと獲物を砕いて食べていた。生態系の頂点に立っていた最強の恐竜である。

065

プラテカルプス

Platecarpus ictericus

UHR 32186
中生代白亜紀後期
産地：アメリカ合衆国

P.163

この絶滅動物は、恐竜時代に生きた「海トカゲ」とも言われるモササウルスの仲間である。モササウルスの仲間は恐竜とともに絶滅し、地球から姿を消した。

「海トカゲ」と称されるように、現在のトカゲの仲間（トカゲ類）に分類される。手や足はヒレ状に進化し、尻尾にも尾びれが発達していた。海の生活に完全に適応した動物である。鋭い歯が生えているが、噛む力はそれほど強くはなく、イカや小さな魚を食べていたと考えられている。米国から多数の化石が発見されている。

066

三葉虫

Kettneraspis pigra（左）　*Asaphus expansus*（右）

UHR 31737
古生代デボン紀
産地：アメリカ合衆国

UHR 31744
古生代オルドビス紀
産地：ロシア

P.164

三葉虫は古生代の最初の時代であるカンブリア紀の海に出現した節足動物で、その後3億年近く繁栄を続け、長い歴史の中で多彩な形へと進化した。

写真の三葉虫は、米国のデボン紀の地層から発見されたケトネラスピス（オドントプレウラ科、右）とロシアのオルドビス紀の地層から発見されたアサフス（アサフス科）である。ケトネラスピスは、長いトゲが体の両側から伸びており、前の方に短いトゲがある。装飾的なケトネラスピスに対して、アサフスはのっぺりした体をしている。

067

ユーリプテルス

Eurypterus remipes

P.166

UHR 32086
古生代シルル紀
産地:アメリカ合衆国

ウミサソリ類に属する絶滅動物。ウミサソリ類は4億7千万年前から2億5千万年まで栄えた動物で、大きいものは2mを超えた。

写真には2匹のユーリプテルスが写っている。ユーリプテルスは、米国のシルル紀の地層から発見されたもので、名前の由来は「広い翼を持つもの」。その名のとおり、翼のように大きく広がった足を持っている。尾の先は剣のように尖っているのが特徴だ。

068

ニッポニテス

Nipponites mirabilis

P.167

UHR 32345
中生代白亜紀後期
産地:不明

「日本の石」という意味の学名をもつアンモナイト。異常巻きアンモナイトと呼ばれ、平面螺旋、右巻き(右に捩れる)、左巻きを切り替えて規則的に成長することが知られている。本種を含めた北海道産異常巻きアンモナイトの研究は、1980年代末に理論形態学を大きく飛躍させたことで世界的に知られている。日本を代表するアンモナイトで、日本古生物学会のシンボルマークにもなっており、主に北海道(中川町、小平町、夕張市など)の白亜紀中期チューロニアン期(9300万〜8900万年前)の地層から発見されている。(西村智弘)

069

メソプゾシア

Mesopuzosia pacifica

UHR 05611
中生代白亜紀後期
産地：北海道夕張市

P.169

北海道の宗谷から浦河には、白亜紀中期から後期に海底で堆積した地層（蝦夷層群）が広く分布し、保存良好なアンモナイトが多産する。前方へ屈曲する肋（殻表面の凹凸）と周期的に発達するくびれを持つことなどが特徴のメソプゾシアは、白亜系チューロニアン階からコニアシアン階（9300万〜8600万年前）の地層から産出し、最大で殻直径1mほどまで成長する。（西村智弘）

070

ゴードリセラス

Gaudryceras tenuiliratum

UHR 05798
中生代白亜紀後期
産地：ロシア

P.170

蝦夷層群の北部はサハリン（樺太）まで分布し、北海道と同様の種類のアンモナイトが産出する。写真の標本は、恐竜ニッポノサウルスの産地もしくはその近くから産出したもの。ゆるく巻き、細かい多数の肋をもつことなどが特徴のゴードリセラスは北海道、サハリンから多産し、1カ所に密集して産出することも多い。アンモナイトの殻は軽く、海底で軽石や材木と共産することも多いので、このような密集した産状はアンモナイトの殻が海底の弱い流れによって掃き集められた結果と考えられる。ゴードリセラスと共産しているクリップ状のアンモナイトはポリプチコセラス。（西村智弘）

07 恐竜発掘七つ道具

道具箱

世界の恐竜研究最前線を走る快男児、小林快次さんの七つ道具。小林さんは、北海道むかわ町で新種の恐竜カムイサウルス・ジャポニクス(通称:むかわ竜)の全身骨格化石を発掘した世紀の大発見でも知られている。

恐竜学者の世界では「道具の大きさは化石までの距離に比例する」という法則があるそうだ。化石を発掘するには、まず山を崩したり岩石を砕いたりしなければならない。それには油圧ショベルなどの重機が必要だ。むかわ竜の発掘は現場までの道路をつける土木工事から始まったという。

次に、岩を削る削岩機。続いて、人力で岩を砕く大きなハンマー、より接近するための小さなハンマー。最終的には歯科用のデンタルピックで砂を一粒一粒取り除き、絵筆でやさしく粉塵を払ってようやく恐竜化石に出合えるという具合だ。

現場で使う道具もある。恐竜の化石はとても脆いので、接着剤を浸透させて強化しながら発掘を進める。石膏で覆ってジャケットという塊にして持ち出すこともあるため、石膏や麻布も携行しなければならない。ガムテープは、化石の保護はもちろん人間のケガにも。トイレットペーパーは本来の用途のほかに、ジャケットの石膏が直接化石に付着してしまうのを防いでくれる。測位のためのGPSユニット、骨の散らばり具合をマッピングするレーザー測量機器やメジャーも必要だ。

ゴビ砂漠やアラスカでの発掘調査も多い小林さん。七つ道具は目的地の気候や地質条件に合わせてその都度、バックパックに詰め替え直す。道具だけで50kg以上。化石に肉迫するためにはなくてはならない相棒ばかりで、詰め忘れは許されない。(北室)

スコップ　トイレットペーパー　ハンマー
スコップ2本　ナイフ　ヘラ　マルチプライヤー
スケール　ハンマー　アイスピック
デンタルピック　ブラシ各種　フィールドノート
笛　小バッグ　双眼鏡　有機溶媒　接着剤
アイスピック　ペン　ルーペ
GPSユニット　カメラ　グローブ

デスモ、ニッポノ研究に偉大な足跡

［博物学者列伝⑧］

長尾 巧

NAGAO Takumi
1891～1943

長尾巧は1891年(明治24年)福岡県田川市に生まれた。東北大学で矢部長克に師事し古生物学を学ぶ。この時、九州炭田地域の古第三系の層相の研究を行った。この研究は日本で初めての堆積層解析であり、画期的な試みであったという。

この頃の長尾は、化石よりむしろ鉱床学に興味を持っていた。大学では鉱床学を研究しようと思っていたが、出身地が大炭田地域であったことからか、北九州に広がる古第三紀の炭田地質を研究することとなった。そして、調査地域の地質年代や堆積環境を解明するために貝化石を研究しはじめる。

古第三紀の北九州は海岸線に位置し、多くの植物が生えている湿地帯だった。長い歴史の中で、海水準は上昇と下降を繰り返していった。貝の化石を研究することによって、この地域の海水準の変化や広がる海の規模などが分かる。長尾は、時間の経過によって堆積環境がどのように変わっていくかを解析し、これが堆積相解析研究の先駆けとなった。

1921年(大正10年)に東北大学を卒業後、講師となるが、さらなる研究のために27年から3年間渡仏。当時、長尾は北海道帝国大学の教授候補になっていた。候補になったものは数年間海外で研究し経験を積むことが恒例となっていたという。そのため長尾も、赴任前にパリに渡航することとなった。

パリでは古第三紀の地層や化石の研究が進んでいた。北大総合博物館に収蔵されている長尾コレクションにはフランスをはじめとするヨーロッパ産の化石が収蔵されているが、これらは長尾が古生物学の研究や教育用の教材のため手に入れたものだった。29年4月、当時ヨーロッパに滞在中だった北大理学部教授候補者は、パリに集合し会議を開催した。この会議には長尾を含む13人が参加し、中には雪の研究で有名な中谷宇吉郎も含まれていた。

1930年、39歳の時に、北海道帝国大学理学部地史学古生物学講座の初代教授となる。この年は、大学に理学部が創設された年でもある。北大に就任した長尾は、日本各地の中生代と新生代の無脊椎化石を研究しはじめる。貝化石をはじめ、アンモナイトや甲殻類も記載研究した。道内各地の調査も行い、多くの化石を収集し研究を行った。

こうして無脊椎動物化石を研究していた長尾にある事件が起きる。それは絶滅哺乳類動物デスモスチルスとの出合いであった。樺太で働いていた木こりが動物の頭の化石を持ち込む。当時助教授として北大にいた大石三郎に現地に行ってもらい、確認してもらった。すると、大石は頭だけではなく、他の骨もある可能性を長尾に伝える。そして長尾は、33年(昭和8年)に樺太へと発掘隊を送り込むことを決断する。隊は大規模な発掘を行い、デスモスチルスの全身骨格を発見する。

さらに翌34年、同じ樺太から違う骨化石が発見されたと報告を受ける。報告したのは当時博物館に化石を販売していた業者だった。この業者が、樺太の川上炭坑へ立ち寄った。その時、川上炭坑の病院建設中の工事現場で、三井鉱山の作業員が見つけた骨化石を手に入れる。三井鉱山の作業員と地元の人たちによって、その化石の発掘が行われた。すると次々と骨化石が発見され、全身の骨化石が発見された。発掘後、岩に包まれた骨を取り出すために、クリーニング作業が行われた。そして長尾は36年に研究成果を発表し、新しい恐竜としてニッポノサウルス・サハリネンシスと命名する。

しかし、このニッポノサウルスの標本には一つ問題があった。前あしと後ろあしの一部がないのだ。正確に言うと、前あしはあったのだろうが、掘り残してきたのだった。そこで長尾は次の年(37年)にもう一度樺太へ行き、手足を探すために発掘を行った。こうして、ほぼ全身の恐竜骨格化石が発見されることとなる。

このデスモスチルスとニッポノサウルスの研究は、今から見てもとても質の高い研究であり、当時の研究環境を考えると、長尾が素晴らしい研究能力を持っていたことは明らかである。

1941年(昭和16年)、長尾は東北大学が東亜地質学を新設したのを機に、教授として母校へ戻ってしまう。約10年と短い在籍期間ながら、長尾は北大で多くの実績を残し、古生物学の拠点としての礎を築いた偉大な研究者であった。

写真左／デスモスチルス発掘中の長尾巧
写真右／長尾巧が復元したデスモスチルス

標本100選 08

岩石・鉱物

大地を叩き割り、果てなき夢追う

◎岩石・鉱物

山本順司（北海道大学総合博物館准教授）

入手困難なコレクション

北大総合博物館には、地球の奥底や太古の環境を記録している岩石や鉱物をはじめ、私たちの生活を支えている鉱石が約18万点収蔵されている。これらは1930年(昭和5年)に北海道帝国大学理学部旧地質学鉱物学教室(現自然史科学専攻地球惑星システム科学講座)が開設されて以降、歴代の教官・学生らによって国内外から収集され、継承されてきたものである。以下に当分野の収蔵標本のなかで特筆に値する標本群を紹介する。

・鉱物標本

北大理学部旧地質学鉱物学教室の鉱物学講座スタッフが中心となって収集した国内外の鉱物標本群。特にマンガン鉱物・鉱石及び北海道産鉱物標本が秀逸。

・千島岩石標本

戦前の北海道帝国大学を中心とした地質調査グループが採集した約千点余りの地質標本群。現在では入手困難な鉱石を多数含む。

・カムチャツカ金属資源

カムチャツカ半島には、金、銀、白金属元素、銅、鉛、亜鉛、ニッケル、クロム、モリブデン、錫、タングステン、水銀、硫黄、石油、天然ガス、石炭および泥炭、地熱エネルギーなどの未開発で多様な地下資源が多く存在する。総合博物館では、所蔵しているカムチャツカ半島産の鉱石・地質標本のデジタルアーカイブ化を行った。一部には参照情報としてロシア沿海州、千島列島、ウラル地域産の鉱石標本のアーカイブスも含まれる。

・黒曜石標本

鳥取大学名誉教授が研究対象とした黒曜石コレクション。全国のほぼ全ての産地のものが集められ、全岩分析値及び微量元素分析値もそろった貴重な標本である。それらのデータベースもあり、考古学的にも重要。

・渡邊武男コレクション

元東京大学鉱床学講座教授の渡邊武男が北大在職時代に収集。北朝鮮(遂安鉱山など)や札幌市手稲鉱山をはじめ現在では入手不可能な貴重な標本群。

分解する喜び、整理には壁

ただ、18万点のうち登録標本は約2万点(鉱物標本が7180点、岩石標本が4889点、鉱石標本が8694点)で、ほとんどの標本は未登録状態にある。現在もそれらの整理登録作業は継続しており、整理済みの標本は随時標本棚に収蔵しつつあるが、データベース化を進めにくいこの分野特有の事情がある。岩石や鉱物、鉱石の研究は基本的に破壊分析が多く、その後の分析に使いにくくなることを避けるために登録をあえて保留することが多い。

破壊作業は採取時点から始まる。ハンマーを用いて露頭から叩き割った破片を採取し、大学に戻って岩石カッターで必要部分を切り出し、磨き、顕微鏡観察用薄片を作成したり、粉末化や加熱溶融、酸分解などによって化学組成や同位体比の分析を行ったりする。このような作業を行う中で標本を全て分解し尽くすことも多く、採取した標本は数も量も次第に減っていく。しかし、標本の管理者として標本の欠損を嘆くことはない。むしろ研究が進んだことに喜びを感じ、利活用を支援している。

一方、継承に値する標本群も多く保管している。例えば、収蔵している岩石・鉱物・鉱石標本の中には、現在ではほとんど入手不可能な千島列島や北朝鮮産の貴重な岩石・鉱物・鉱石標本類が含まれている。また、北海道開拓使の招きによって来道し、日本で初めて広域的な地質図を作成したベンジャミン・スミス・ライマン博士の指導を受けた札幌農学校卒業生により収集された地質標本コレクションや、国内のほぼ全ての産地から採集され全試料の化学分析データもそろった黒曜石標本、北海道産の新鉱物(タイプ標本)や鉱石類は他の標本とは分けて保管している。

さらに、レアメタルやレアアース鉱石標本類や、工学部から寄贈された道内の閉山された各鉱山産の鉱石・変質母岩類も数多く収蔵しており、新たな分析手法の開発によって鉱石の生成機構が解明される日を待ち続けている。

P.176左／モンゴルでの岩石採取風景。単独調査が多いため撮影してもらうことは少ない
P.176右／利尻島の調査風景。新鮮な岩石が露出している谷筋を調査する
P.177／未登録標本の保管状況。歴代の研究者が収集してきた標本約16万点。棚卸しだけでも数週間かかる

幌満かんらん岩

かんらん岩
北海道様似町アポイ岳

071

脈打つマグマの化石

日高山脈の南西端に位置し、花の百名山の一つとして名高いアポイ岳や幌満川流域には、層状構造の見事なかんらん岩が広く露出している。これは地球深部のマントルから由来したもので「幌満かんらん岩」の名前で世界的に知られている。

地球内部は層をなしており、密度の違いによって中心から核、マントル、そして地殻に分類される。中でも大きいのはマントルで、地球内部の8割以上を占める。マントルを覆う地殻は厚くても40kmほどなので、マントルまで簡単に掘り進めそうな気がするが、その熱さのため、未だマントル掘削に成功した人はいない。ではなぜマントル由来の幌満かんらん岩が広く見られるのだろうか。

北海道の中央に背骨のようにそびえたつ日高山脈は、約5千万年前から1400万年前に作られた変成岩や深成岩からできている。日高山脈は、北海道東部の北米プレートと西部のユーラシアプレートのちょうど境界部に位置する。両者の衝突にともなう日高山脈の上昇は約1300万年前に始まり、地質構造の解析から「北米プレート南縁の千島弧が西進して南西端が西側に衝上したため」と説明されている。つまり、幌満かんらん岩は北米プレートがユーラシアプレートにのし上がった際に、その底にあったマントルまで露出してしまったものだと言える。

幌満かんらん岩には長さ1mを超える脈状のかんらん石が見られる。これは、かんらん岩が部分的に融解することで玄武岩質マグマが作られ、それが移動した名残りだと考えられる。かんらん岩はマントルに存在する岩石であるため、それを貫くかんらん石の脈は、地球の奥底から湧き上がるマグマの化石だと言えるだろう。このように幌満かんらん岩を詳しく観察することで、地球最大の岩石とも言えるマントルの謎が続々と解き明かされていっている。

マントル捕獲岩

かんらん岩
オーストラリア・ヴィクトリア州

072

地球深部の記憶

写真の黒っぽい部分は玄武岩質の溶岩で、中心の緑色はマントル由来のかんらん岩である。地球深部から湧き上がってきたマグマが、その途上にあったマントルの一部をはぎとって地表に運び上げたもので、捕獲されたマントルの岩石なので「マントル捕獲岩」とよばれる。世界のどこで採取されたマントル捕獲岩も似たような様相を見せるため、マントルはひと続きのかんらん岩でできていると考えられる。マントルは地球内部の8割以上を占める巨大な岩石層であるため、マントルを構成するかんらん岩は地球最大の岩石だといってよいだろう。

先述した幌満かんらん岩の写真と見比べてもらいたい。幌満かんらん岩は地表までのし上がる過程で変形を繰り返したため、鉱物の形が見にくくなっている。一方でマントル捕獲岩はマグマによって運び上げられたため変形しておらず、マントルを直接調べることができる理想的な標本のように見える。しかし大きな欠点がある。それはこの岩石がどれくらいの深さからやってきたのか分からないことである。

ところが、マントル捕獲岩を薄く磨いて顕微鏡で観察すると、髪の毛の厚さよりも細かい部分に流体が閉じ込められていることが分かる。この流体は高い圧力を持っており、マントル捕獲岩がマグマにはぎ取られる前に存在していた深さを記憶していると考えられる。そこで北大総合博物館では、この微小な流体が持つ圧力を精確に調べることで、マントル捕獲岩が由来した深度を決定する手法の開発を行っている。この手法が完成すれば、採取した場所の直下に存在するマントルで何が起こっているのかを知ることができる。また、さまざまな時代に噴出したマントル捕獲岩を比べることによって、地球内部がどのように進化してきたのかを知ることもできる。

このようにマントル捕獲岩は、地球という惑星を理解させてくれるとてもユニークな標本なのである。

073

プチスポット溶岩

玄武岩
宮城県沖1000kmの海底(水深約6000m)

P.182

　地球の表層はプレートと呼ばれる岩盤で覆われており、それらが移動することで地震を引き起こしたり、マグマを発生させたり、地形を発達させたりしてきたと考えられている。ただ、プレートもその下にあるマントルも岩石でできているため、プレートが移動するにはそれらの岩石層同士が激しく摩擦を起こさねばならず、プレートがなぜ移動できているのかは謎だった。写真はプチスポットと名付けられた小さな海底火山から採取された溶岩である。プレートが動く際に潤滑油の役割を果たすマグマがプレート直下にあり、そこから染み出したマグマである可能性が高まっている。

074

内陸火山の溶岩

玄武岩
モンゴル・タリアット

P.183

　モンゴルや中国にも多くの火山が活動していることをご存じだろうか。この岩石はモンゴルの火山から採取した玄武岩である。マントル内に沈み込んだ海洋プレートは次第に温められ、水を多く含んでいる分だけ周囲の岩石よりも比重が小さくなる。その結果、マントル内を上昇し、含水マントルの部分溶融という日本列島直下と似た理由でマグマが生み出されるかもしれず、アジア東部やアメリカ西海岸で活動している火山群の一部には、このようなマグマ生成機構がはたらいている可能性がある。もしかすると内陸火山も、地球表層と内部を結ぶ物質循環系を長く支えてきたのかもしれない。

075

カーボナタイト

カナダ・ケベック州モントリオール

P.185

マグマとは、地下にある溶けた物質のことである。それが地表に噴出したものを溶岩と呼び、その化学成分は定義されていない。火成岩は一般的にケイ素の酸化物(珪酸塩)を主成分としているが、水素の酸化物、つまり水であってもかまわない。そのため、地下を流れる温泉水や地下水もマグマであり、それらが噴出したものを溶岩と呼ぶことができる。この岩石は炭素の酸化物(炭酸塩)を主成分とした溶岩である。火山を丸ごと作るような規模の炭酸塩マグマの形成機構についてはまだ謎が多く、地球全体の炭素循環系を探る上でも大きなヒントを与えてくれる。

076

デカン高原の溶岩

玄武岩
インド・デカン高原

P.186

インドのデカン高原には日本の陸地面積を上回る規模で玄武岩質の溶岩が広がっている。その噴出年代は、ちょうど恐竜が繁栄していた中生代が終わる約6600万年前と推定されている。この溶岩は地球深部のマントルが大規模に溶融し、発生したマグマが一気に噴出したものと考えられ、当時の地球表層環境に大きな影響を与えた可能性がある。そのため、中生代末に恐竜など多くの生物種が絶滅したイベントを引き起こした主因ではないかとの説が長く論じられてきた。恐竜絶滅の謎を解き明かす鍵を握る標本として、これからも注目を浴び続けることだろう。

077

縞状鉄鉱層

オーストラリア・西オーストラリア州

P.188

縞状鉄鉱層がもっとも大量に形成されたのは25億年前あたりで、この標本も同時代に形成されており、ストロマトライトの形成年代と重なる。ストロマトライトは藍藻類と呼ばれるバクテリアが作った岩石で、その繁栄は海水中に大量の酸素をもたらしたはずである。その結果、海水中の鉄イオンが酸化され、水酸化鉄として海底に沈殿し、縞状の鉄鉱層が大量に形成された。そして、海水中に充満した酸素は次第に大気へと拡がっていったと考えられる。縞状鉄鉱層はその時代の海水の酸化還元状態を物語る指標であり、次に訪れる大気組成の変化を予告するサインでもある。

078

コバルトリッチクラスト

宮城県沖1000km海底（水深約6000m）

P.189

古い溶岩のかけらを包み込んだ土壌をさらに覆う黒い膜。この黒い膜はコバルトリッチクラストと呼ばれ、海水中に含まれる鉄やマンガン、コバルトなどのイオンが酸化物として海底に沈着したものである。コバルトリッチクラストは深海底に広く分布し、有用元素を多く含む。資源化への課題は深海底からの回収にかかる経費にあるが、回収技術や有用金属の抽出方法が次々と提案されているため、今後私たちの生活を支える重要な鉱石になるかもしれない。しかしその成長は厚さを1mm増すだけでも数万年以上かかるため、一度回収した場所で次の収穫を待つことはできないだろう。

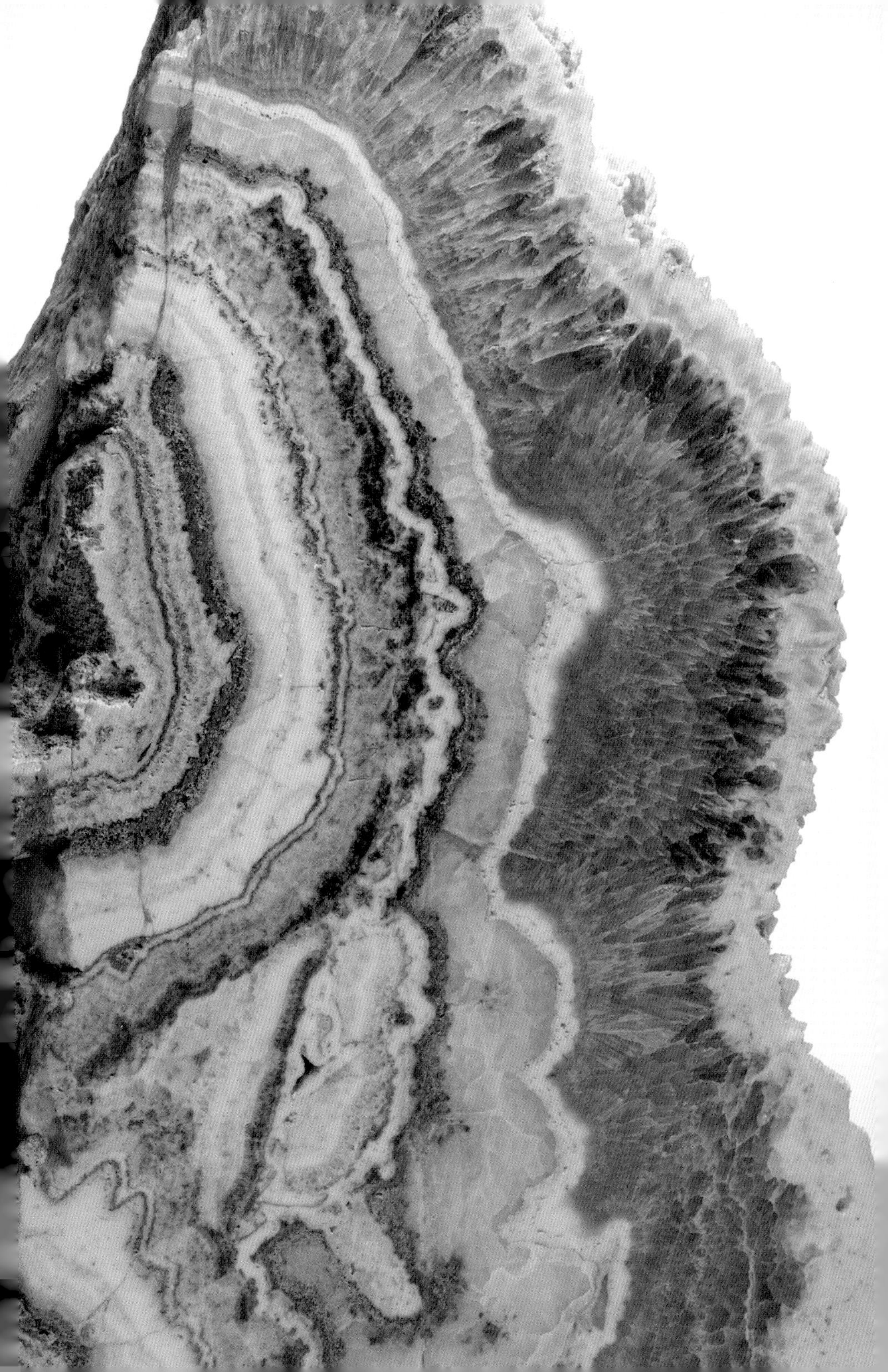

079

光竜鉱山の金鉱石

北海道恵庭市・光竜鉱山

P.191

光竜鉱山は1903年の開坑から2006年の休止まで100年以上稼働した北海道最後の金銀鉱山。札幌市から約20km南に離れた恵庭市にあり、日本最北の不凍湖でカルデラ湖である支笏湖の北方約5kmに位置する。この鉱山の鉱石は岩脈状に分布する。これは割れ目に沿ってマグマから熱水が上昇し、地下1000m付近の地下水と混ざり合った結果、熱水中に溶けていた金属イオンが沈積したためである。写真の標本には層状の構造が明瞭に確認できる。熱水に溶けていたイオンが次々に沈積していった様子が記録されており、鉱床の生成機構を高い空間分解能で探ることができる。

080

豊羽鉱山の鉱石

含銀鉛亜鉛鉱石
札幌市・豊羽鉱山

P.192

札幌市南区にある豊羽鉱山では、1914年の開発着手から2006年まで多金属鉱脈鉱床を採掘していた。銅や鉛、亜鉛を主体とした鉱石が多く、インジウムは埋蔵量、生産量ともに世界一と言われていた。インジウムは現代産業に不可欠な元素で、タッチパネルにも使われているため、スマートフォンの普及とともに消費量が驚異的に伸びた。豊羽鉱山にはインジウムを多く含む鉱石がまだまだ眠っていると考えられているが、坑道温度の高さから掘り進められなくなってしまった。採掘技術の進歩や需要動向によっては再び世界を支える鉱山として活躍する日が来るかもしれない。

08 物騒なハンマーたち

鉱物の採集に欠かせないのがハンマーである。クラックハンマー(写真上)の他にも、その破壊力から「牛殺し」という物騒な通称で呼ばれているハンマーもある。岩石のどこを叩けば割れるか、鉱物通には急所が見えるという。隙間に入れて割る鏨(たがね)も力を発揮する。

長年、岩石を叩き続けていると先が削れるそうで、削られ具合で持ち主のキャリアが分かるとされている。写真の2本のハンマーは、山本順司さんが高校の地学部時代から研究者になった現在まで、四半世紀にわたって使い込まれてきたものだ。ちなみに山本さんは、岩石を割る際、ゴーグルを装着すると見えにくいので裸眼でハンマーを振り下ろす。すると細片が目に刺さる。山中、一人で鏡を見ながら刺さった岩石の細片を抜き取るのだという。

通常、登山道では採集しない。人が歩く登山道の石は、よそから持ち込まれたものだったり、上から転がってきたりしたものかもしれず、由来がはっきりしないからだ。上りは沢登り、下りは尾根伝いに下山する。滝は、鉱物が露出した絶好の採集ポイントだから、滝に出合えたらこれ幸いと岩肌をばんばん叩く。尾根筋も、上から転がってきた可能性を考慮しなくてよいので安心して採集できる。

採集して持ち帰る岩石の重量は40kg超が限界。道具の重さも加わるため、肩と腰が耐えられる限界重量だ。そんな道なき道で、ピックハンマー(写真下)は登攀(とうはん)の助けにもなる。木に掛けては体を持ち上げるのに役立つのだ。

岩石学者にとって、地球そのものがサンプルである。地球を知れば、宇宙の成り立ちも分かる。振り下ろすハンマーの一撃が、宇宙と地球の謎を解いていく。(北室)

標本100選 09
考古

「モノ」で知るオホーツク文化

◎考古

江田真毅(北海道大学総合博物館准教授)

4世紀～13世紀、人々の営み

考古学は、遺跡やその調査で見つかった「モノ」から過去の人類の活動(生業、風習、交易、移動など)を復元する学問である。アイヌ文化期までの北海道のような文字のない時代や地域では、考古学は過去の人々の生活について直接的に探求する唯一の方法である。遺跡の調査で見つかる「モノ」には、土器や石器、金属器、骨角器、木器といった人工遺物、動物骨や木材などの自然遺物、住居址や貯蔵穴などの遺構が含まれる。さまざまな「モノ」からもたらされる情報を統合したり、歴史学や古環境学などの知見と考え合わせたりすることで、人々の活動をより鮮明に復元することができる。

北大総合博物館の考古学分野には、主にオホーツク文化の遺跡から出土した遺物が収蔵されている。オホーツク文化は、サハリン南部、道北・道東部、千島列島といったオホーツク海の南半沿岸一帯に展開された海洋狩猟漁撈採集民の文化である。その痕跡は、紀元後4～13世紀にかけて、本州の歴史年表に当てはめると古墳時代の半ばから鎌倉時代にあたる時期に認められる。

香深井1遺跡

道北地方のオホーツク文化の実態解明にもっとも貢献した遺跡の一つとして、1969年(昭和44年)から72年にかけて調査された北海道・礼文島の「香深井1遺跡」が挙げられる。遺跡はこの島の東海岸のほぼ中央、香深井川が形成した沖積地・海岸砂丘上に位置する。

北大文学部附属北方文化研究施設の大場利夫と大井晴男が率いたこの発掘調査では、オホーツク文化の前期から後期まで、紀元後5世紀から11世紀ごろにあたる約700年にわたる厚い文化層の重なりが発見された。この発掘で調査された範囲は推定される遺跡の面積の約4%ながら、土器や石器、骨角器、貝や動物骨などたくさんの遺物とともに、オホーツク文化の竪穴住居址6軒と墓3基が見つかった。さらに、遺跡の最上層にあたる11世紀ごろの包含層では擦文文化の土器

や竪穴住居址2軒も検出された。

これらの「モノ」の詳細な分析の結果は、大場・大井によって『香深井遺跡　上・下』(1976・1981、東京大学出版会)にまとめられた。大井が石器と骨角器、天野哲也(元当館教授)が土器・土製品、西本豊弘(元国立歴史民俗博物館・教授)が動物遺存体、菊池俊彦(元北大大学院文学研究科・教授)が金属製品を主に担当している。いずれも、その後オホーツク文化研究を長く牽引することになる研究者である。

オホーツク文化の前〜後期に形成された魚骨を大量に含む「魚骨層」から出土した大量の遺物の分析によって、土器や石器、骨角器などの時間的変遷が明らかになった。また、香深井1遺跡の人々が一貫してカロリー量の80%以上を魚類から摂取していた可能性が指摘された一方、出土した骨はマダラやホッケ、ニシンといった秋季から春季に産卵のために沿岸部に回遊してくる魚類が主体であり、夏季に獲得された動物資源は少なかったと推定されることや、竪穴住居とそこから廃棄されたモノの堆積のパターンなどから、集落の人口が約50〜180人程度と推定されることなどが明らかにされた。

この遺跡を中心に、オンコロマナイ遺跡や目梨泊遺跡、元地遺跡など、オホーツク文化関連の遺物と図面類は、総合博物館の設立とともに当館に移管された。その後、当館の展示資料として活用される一方、他の博物館における企画展などでも盛んに利用されている。

ヒグマ(P.198)のほか、カラフトブタの骨でも古代DNA解析が行われ、各時期で、異なる母系系統に属するブタが遺跡に持ち込まれたことが明らかになっている。また、最近ではウミスズメ科鳥類やニホンアシカの古代DNA解析による種同定や系統解析、骨につけられた傷跡の幾何学的形態測定による施工器具の識別、クジラ類の骨のコラーゲンタンパク質量分析による種同定なども進められており、オホーツク文化に関する新たな知見を提供し続けている。

P.196左／香深井遺跡群全景(1969年撮影)
P.196右／香深井1遺跡1969年度調査区の発掘風景
P.197／調査団メンバー。下段左から2人目が大井晴男、上段右が菊池俊彦

ヒグマの頭骨

ヒグマ *Ursus arctos*、動物遺存体
北海道礼文町・香深井1遺跡出土
オホーツク文化期

081

キムンカムイは時空を超えて

香深井1遺跡の竪穴住居址から出土したヒグマの頭骨である。左側の大型の頭骨は、犬歯が大きく発達した雄のもの。犬歯歯根部セメント層に形成された成長輪の観察から20歳以上の老獣で、春に死亡したと推定される。左右の頭頂骨には直径約35mmのほぼ正円形の孔が一つずつあけられている。

ヒグマの頭頂骨に孔をあける行為は、アイヌ民族の熊送り儀礼にも認められる。「送り」とは、アイヌが獲得・利用したものの霊を丁重に天上界に送り返す儀礼である。民族誌によれば、最高神「キムンカムイ」(山の神)であるヒグマの霊の旅支度として、雄なら左、雌なら右の頭頂骨に孔を一つあけ、頭骨を飾りつけるなどの手順が定められている。この頭骨には二つの孔があけられており、アイヌ民族の熊送りの手順と同一ではない。しかし、骨塚と呼ばれる住居内の上座と推定される場所に置かれていたことからも、何らかの儀礼の存在が垣間見える。

一方、右側の小型の頭骨は0歳の幼獣で、秋に死亡したと推定される。他のヒグマの頭骨を調べた結果でも、成獣や老獣の死亡時期は春に、幼獣は秋に集中していることが明らかになっている。これらのことから、春グマ猟で成獣を捕殺し、幼獣は捕まえて秋まで生かしていたことが推定できる。幼獣を飼育して冬に天に送り返すというアイヌ民族などの「子グマ飼育型クマ祭り」の原型が、オホーツク文化にあった可能性が指摘されている。

礼文島にはオホーツク文化期にもヒグマは生息していなかったと考えられる。遺跡を形成したオホーツク人によって島に持ち込まれたのであろう。歯根部から抽出したDNAを解析した結果、雄の老獣は道北地方に生息するヒグマと、幼獣は道南地方に生息するヒグマとそれぞれ近縁であることが分かった。当時の道南地方は続縄文文化圏であったことから、ヒグマに対する畏敬の念や価値観が異文化の間で共有されていた可能性も考えられている。

オホーツク式土器

オホーツク式土器、土製品
北海道礼文町・香深井1遺跡出土
オホーツク文化期

082

形と文様は語る

オホーツク文化の遺跡からはたくさんの土器片が発見される。縄文文化や続縄文文化の土器のような縄文、あるいは擦文文化の土器のような擦痕も施されないこれらの土器は「オホーツク式土器」と呼ばれる。オホーツク式土器には「ミニアチュア土器」と呼ばれる小型の土器も若干含まれるものの、ほとんどは「深鉢形」「壷形」「甕(かめ)形」である。香深井1遺跡の調査では、魚骨を大量に含む「魚骨層」の資料の比較から、前期には深鉢形が、中期には壷形が、後期には甕形が主体をなす傾向が認められた。各地におけるその後の調査によって、この傾向はオホーツク文化圏で広く共有されていたことが明らかになっている。いずれの形の土器も煮沸や貯蔵、運搬などに利用され、形状による機能的な違いはなかったと考えられている。内側を中心とした土器の壁面には黒い炭化物が付着した例も多数見つかっており、海獣類や魚類の油に由来するものと指摘されている。

オホーツク式土器では、文様は主に口縁部周辺に施される。文様には、断面が丸い棒状の道具を土器に刺してつけた「刺突文系文様」、先端が櫛歯状や棒状の道具、あるいは爪などを土器に押し当ててつけた「刻文系文様」、棒状の道具や指で土器に線をつけた「沈線文系文様」などがある。香深井1遺跡では、これらの文様の頻度が徐々に変化していった様子が観察されており、前期には刺突文系文様が、中期には刻文系文様が、後期には沈線文系文様が主体をなしていた。器形の場合と同様、この傾向はオホーツク文化圏で広く共有されていたことが確認されている。

香深井1遺跡から出土した土器群は、その量が多いこと、そして魚骨層を中心にいくつもの文化の層が連続的に重なっていたことから、道北地方の土器の変化の様子を調べるうえで非常に重要な資料と位置付けられている。

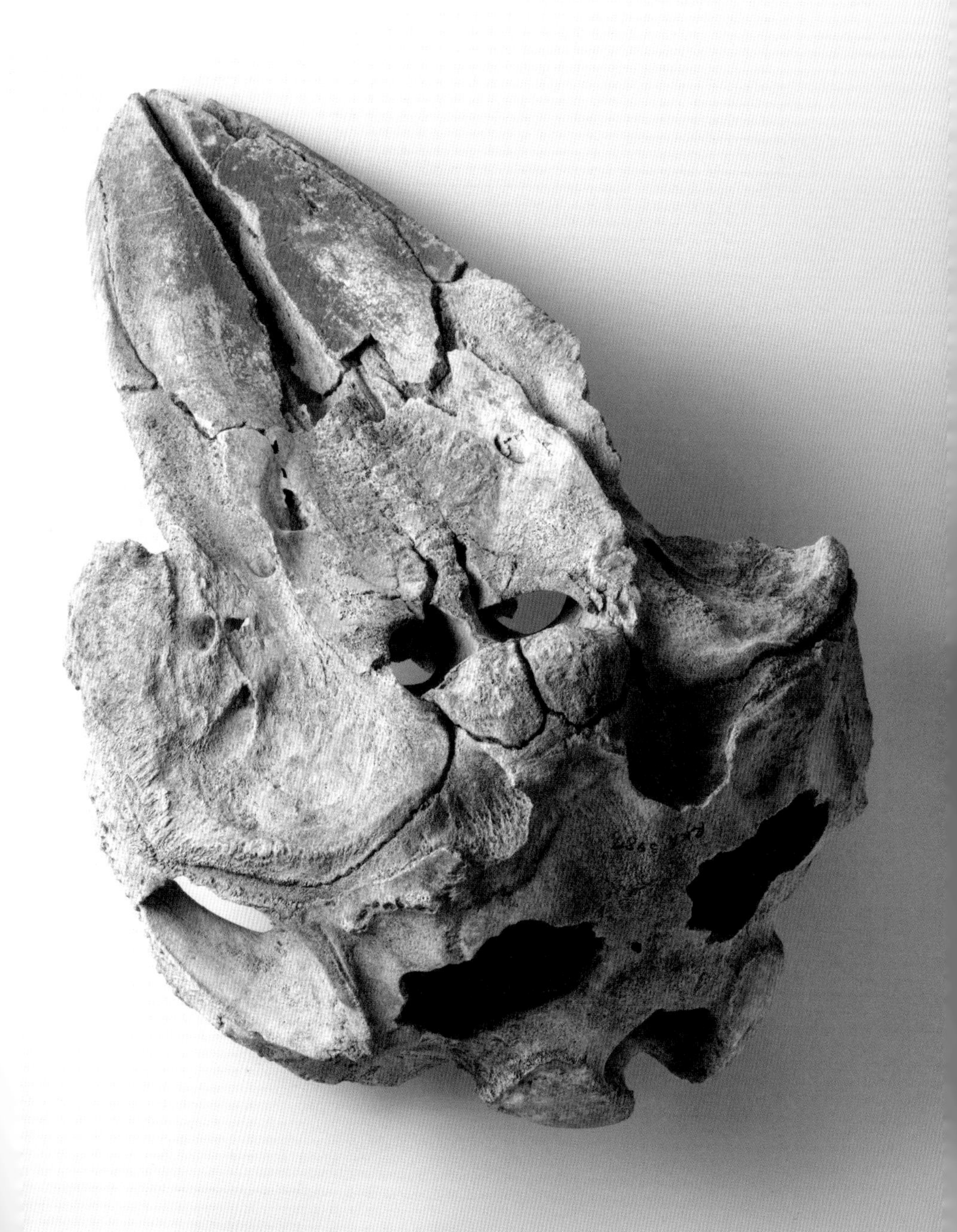

083

擦文土器

擦文土器、土製品
北海道礼文町・香深井1遺跡出土
擦文期

P.202

擦文土器は土器表面に擦ったような調整の痕のある土器で、7世紀後半〜13世紀に北海道で広く利用された。擦文期は、鉄器の一般化や雑穀の利用頻度の増加、カマドのある竪穴住居の利用など、本州からの文化的影響が強まった時期である。北大札幌キャンパスでは、学内を南北に流れるサクシュコトニ川沿いにたくさんの竪穴住居址が見つかっている。香深井1遺跡でも、11世紀ごろに比定される層序で擦文土器や紡錘車などの遺物が検出されている。擦文文化の道北地域への進出は、当該地域で12世紀ごろにオホーツク文化が消滅した原因と考えられている。

084

ヒレナガゴンドウの頭骨

ヒレナガゴンドウ *Globicephala melas*、動物遺存体
北海道礼文町・香深井1遺跡出土
オホーツク文化期

P.203

ヒレナガゴンドウは、成体では体長4〜7mの中型のクジラである。額は丸みを帯びて口先は突出せず、いわゆるイルカらしい顔つきはしていない。南北両半球の温帯から寒帯域に広く分布する一方、北太平洋では現在は絶滅したと考えられている。

香深井1遺跡は5世紀から11世紀ごろに形成されたと考えられることから、少なくともこのころまでは周辺海域に分布していた可能性が高い。この種がなぜ北太平洋から姿を消したのか、その理由は分かっていない。

085

針入れ

針入れ(アホウドリ上腕骨製)、骨角器
北海道礼文町・香深井1遺跡出土
オホーツク文化期

P.205

針入れは、大型鳥類の管状の骨を加工した文字通り針を入れる筒状の容器である。本資料にはクジラや網と思しき絵柄が刻まれており、クジラ漁をする様子を描いたと考えられる。クジラは、頭頂部のふくらみや背びれの形状などからゴンドウクジラと推定される。両端は丁寧に切断された後に研磨されており、精巧な細工がうかがえる。素材はアホウドリ類の上腕骨である。近年、アホウドリ類が礼文島の近海で観察されることは皆無ながら、道内の日本海やオホーツク海沿岸の遺跡では骨が多数見つかっている。過去には近海に頻繁に飛来していたと考えられる。

086

銛先

銛先(A-Ⅱ型、鯨類頭骨製)、骨角器
北海道礼文町・香深井1遺跡出土
オホーツク文化期

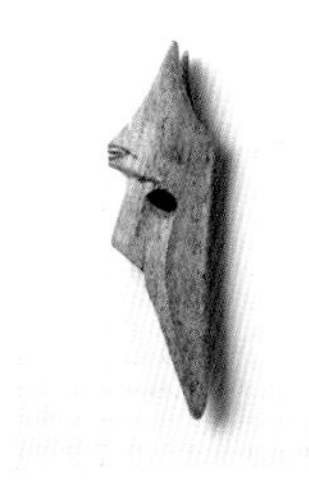

P.206

銛(もり)は、海や川などの狩猟で獲物を仕留め、同時に仕留めた獲物を回収するために工夫された道具である。写真の銛先は、上部のスリット部分に銛先鏃(ぞく)(P.210)をはめ込み、下部を柄の先端に装着して使用する。オホーツク文化のより新しい段階になると、スリットがなく、先端部に施した溝を利用して銛先鏃を装着するものがより一般的になる。いずれの銛先も、中央の穴に紐を通し、端を狩猟者が握った状態で獲物に放つ。獲物に刺さった銛先鏃と銛先は柄から外れ、獲物の体内で回転して獲物を繋留する。クジラ類や海獣、大型魚類など、大きく力の強い獲物に特に有効だったと考えられる。

087

銛先鏃

銛先鏃(珪質頁岩製)、石器
北海道礼文町・香深井1遺跡出土
オホーツク文化期

P.208

両面が加工された尖頭器状石器のうち、舌状に張り出す茎がなく、全体として三角形に近い形のものは銛先鏃と呼ばれる。この形の鏃は、茎のあるものや細長いものより一般に大型で、基底部の幅がスリットのある銛先(P.207)のスリット幅とよく一致することから、そのような銛先と組み合わせて使用されたと考えられている。香深井1遺跡では、スリットのある銛先とともに、より新しい段階になると銛先鏃も減少する傾向が認められている。銛先鏃や銛先は、発達した海洋での狩猟・漁撈技術を持つオホーツク文化を特徴づける道具と言える。

088

骨偶

未詳品G(骨牙偶)-II型(ネズミザメ吻軟骨製)、骨角器
北海道礼文町・香深井1遺跡出土
オホーツク文化期

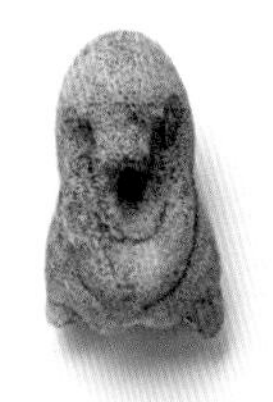

P.209

写真はネズミザメの吻端部の軟骨(吻軟骨)を加工した骨偶である。ヒグマの像を象(かたど)ったものと考えられる。背面に孔を穿ったものや、基部を削って平らにしたものなど、若干加工の異なるものも合わせると、このような骨偶は香深井1遺跡では45例見つかっている。ネズミザメの吻軟骨を利用した骨偶はオホーツク文化特有のもので、他の文化では見つかっていない。オホーツク文化の遺跡でも特異的に多数出土したこれらの骨偶は、他の遺物とともに魚骨層から検出されている。その利用方法の解明は極めて困難なものの、ヒグマにかかわる儀礼との関係が指摘されている。

089

柄付きナイフ形鉄器

鹿角製柄付きナイフ形鉄器(刃部:鉄製、柄:鹿角製)
北海道礼文町・香深井1遺跡出土
オホーツク文化期

P.211

写真は鹿角製の柄に装着された状態で検出されたナイフ形鉄器である。X線撮影によって刀身は茎子(なかご、柄内部の金属部位)に比べて極めて薄いことが明らかになった。何度も研がれ、もともと茎子と同程度の厚さであったものが次第に擦り減った結果と解釈されている。繰り返し加工して使用され続けたことがうかがえる。香深井1遺跡を含め、オホーツク人は鉄器を自ら生産していたわけではなく、大陸や本州との交易によって入手していたと推定される。また鉄器は貴重品であり、動物の解体や骨角器の製作などに限定して使用したと考えられている。

090

石錘

有孔石錘(石錘Ⅰ型、石英安山岩製)、石器
北海道礼文町・香深井1遺跡出土
オホーツク文化期

P.212

石錘は網漁や延縄漁、あるいは船の繋留などに使用されたと考えられる石製の錘(おもり)である。香深井1遺跡からは写真のような孔のあるもの(有孔)と溝を施したものが出土しており、オホーツク文化のより新しい時期になると有孔石錘のほうがより多くなる。有孔石錘の未完成品あるいは加工途中での破損品も多く出土しており、製作が難しいことが分かる。半面、構造上、縄から脱落しにくいため、後の時代になると頻繁に利用されたことが読み取れる。漁撈や海獣狩猟を主たる生業としたオホーツク人にとって重要な道具であったことは間違いない。

09 「たんぽ」が写し取る本質

道具箱

私たちは、物事がリアルであればあるほど、詳細であればあるほど本質に近づくと思いがちだ。しかし、あえて細部を省くことで、本質が浮かび上がることもある。拓本は、その典型かもしれない。拓本に欠かせないこの道具が「たんぽ」である。

土器などの遺物の文様を記録する際、写真に撮影するとディテールが見えすぎて、むしろ特徴がとらえにくくなる。石碑の拓本を取る場合と同じだ。

まず、湿らせた画仙紙を遺物の凹凸に密着させる。このとき画仙紙と遺物の間に空気を入れないことが大事だ。そして30分ほど待つ。わずかに湿り気が残った状態にまで乾かしてから、たんぽに油性のインクや墨を付けて軽くポンポンと叩いて凸部の形を画仙紙に写し取っていく。画仙紙は書画の表現のために作られた紙なので、墨の濃淡がうまく出る。

たんぽの外側の木綿の布はピンと張った状態でなければうまく拓を取ることができない。また、粗すぎる布では刷りの時に布目が出てしまうため、きめの細かい布が適している。

埋蔵文化財の調査報告書では、拓本を白黒コピーにとり、コピーの方を提出する。絵で描写する際も、写実的には描かない。たとえば黒曜石を割って作られた石器には、割れた際の波紋のような模様があるが、これをリアルにスケッチしても特徴は見えてこない。目に見えるものを強調したり、簡略化したりして描く。

本質をとらえるとはどういうことか、意味が伝わるとはどういうことか。キノコのような愛嬌のある形で、たんぽは語りかけてくる。

（北室）

標本100選 10

学術資料アーカイブ・科学機器

◎学術資料アーカイブ・科学機器

気象学映像から電気泳動装置まで

山下俊介（北海道大学総合博物館助教）

映像・画像記録を収集

当館学術標本群のなかで、学術資料アーカイブおよび科学機器資料は比較的新しい収集・保存コレクションだ。両コレクションに関連する主たる学術分野は科学技術史で、北海道大学の教育・研究活動の証跡資料群であり、また新たな学術・文化活動の種となる資料的価値も有している。

学術資料アーカイブのコレクションは、教育研究の現場で生成・収集されてきた記録資料群を対象としており、現在、特に映像・画像などの記録資料を中心としたコレクション形成に力を注いでいる。記録メディア別に記すと、映像(動画像)資料としては、まず理学部旧気象学講座由来の映像群、牧野佐二郎関係の顕微鏡映像群があげられる。気象学関係映像コレクションは全18件の16mmフィルム、牧野関係映像群は全54件の16mmフィルム群からなり、映像に関係する記録書類も多数含んでいる。両映像群とも関連した論文・報告が発表されており、映像資料と研究が互いの学術的価値を高めている。また牧野コレクションには、染色体分裂の顕微鏡動画撮影時の各種データを記録時間ごとに書き込んだ「MOVIE BOOK 1964」が1冊残されており、対象フィルムの研究データとしての性格を確かなものにしている。

このほか映像資料として管理するものには、古生物学の長尾巧らによる樺太デスモスチルス発掘の記録16mmフィルムや、農学部の高橋萬右衛門の最終講義を収めた1/2インチビデオテープなどがある。画像資料には、古生物学および庭園学関係のガラス乾板、函館分館由来の水産学教授用掛図、岩石学の八木健三によるスケッチブック、林学研究者関係資料があげられる。音声資料には、ピウスツキ蝋管、6mmオープンリールによる講演会記録などがある。

実際の資料情報管理では、各記録メディアはアーカイブ原則に則り、もとの群としての情報を重視(出所原則)し、文書記録などとともに管理している。北大総合博物館内の各資料分野標本庫には、標本と関連づいた記録資料が未だ多数残されているほか、総合博物館本館N123に中谷宇吉郎関係の図版や写真資料、函館の水産科学館では疋田豊治関係ガラス乾板のコレクションを所蔵している。

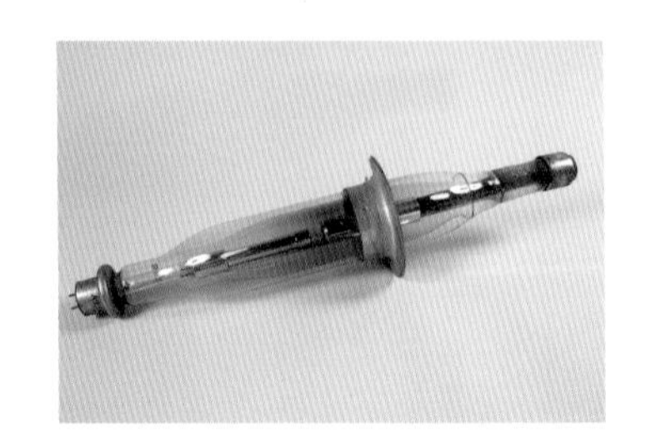

大学博物館所蔵コレクションとしての科学機器

科学機器のコレクションは、専用の収蔵室1室および館内3カ所の共用スペースに分けて収蔵している。館内では、現存する国産最初期の電気泳動装置をはじめ、展示順路の後半の階段吹き抜け部分に常設展示「科学技術史資料の世界」を展開している。展示は研究者の学術活動に即した分類セクションで構成されており、物事を「はかる」(計測する)ための機器類、「みる」(観察する)行為を拡張してきた顕微鏡類、「記録する」ための機器類からなる。このほか、書く(描く)ことや計算することに関する「研究者の道具」、医学部生理学第二講座由来の科学機器群からなる「ある研究室から」セクションも併せ持つ。

大学博物館の科学機器コレクションとして重視しているのは、研究教育で実際に用いられた機器類であるという点である。コレクションには研究者が独自に開発した機器・装置を一部含むものの、機器の多くは内外の科学機器製造会社が制作したものであり、研究者が研究室でどのような研究に用いていたかという情報を備えなければ、大学博物館所蔵コレクションとしての資料価値は低くなる。新規資料受け入れにおいては、出所・由来などの関連情報の収集を重視し、聞き取りの様子を映像で記録する場合もある。一定程度まとまった数の資料で構成されているものには、医学部生理学第二講座資料(後述)、理学部動物生理学講座のオシロスコープ等の実験装置、陸水学講座の観測装置、地震・火山学の記録装置、保健科学院から移管されたX線管球群などがある。

当館北階段周辺には科学機器を主とした常設展示を展開するほか、ガラス扉から室内の収蔵・作業の様子を観覧できる映像等収蔵閲覧室を設ける。映像資料の一部は北側階段1階の大型ディスプレイでも視聴可能だ。2018年、ビジュアルなアーカイブ資料を中心とした企画展「視ることを通して」を開き、学術資料アーカイブコレクションの存在を公にしたほか、実験映像作家と協働して学術映像資料の新しい活用可能性を探究している。学術資料アーカイブも科学機器も、博物館ボランティアの支援を得て資料整理が進められるほか、博物館実習などにおける資料整理作業を学ぶ実習教材としての性格も持っている。

P.216左／古生物学関連のガラス乾板(原状)
P.216右／北大保健科学院由来のX線管
P.217／当館3階「科学技術史資料の世界」展示風景

気象学講座関係フィルム

16mmカラーフィルム、全18巻

091

雲の研究

北大理学部気象学講座教授の孫野長治と同講座の菊地勝弘によって制作された映像コレクションで、1960年代を中心に撮影された。2018年にデジタル化完了。撮影・編集は菊地勝弘(北大名誉教授)による。まだ明らかでなかった雲の物理を映像で捉えて分析することで研究の進展が図られた。

中谷宇吉郎門下の孫野を初代教授とする気象学講座は、新設の理学部地球物理学科における4講座のうちの一つとして立ち上げられ、国内外の「雲物理研究」を牽引した。講座1期生の菊地勝弘は、手稲山頂(1023m)に設置された北大雲物理観測所で観測に取り組み、1963年に冬季石狩湾上に発生する特異な雲を観測し、「けあらし」と呼ばれていたこの雲をCoastal Clouds(沿岸雲)と名付けた。菊地は64年にはムービーカメラによるタイムラプス撮影を用いて16mmフィルムに収めて研究を進め、英文で論文を発表している。Coastal Cloudsを記録したフィルムは3本残されており、各観測の冒頭部分にカメラをパンさせ、手稲山西北の小樽から石狩湾、そして石狩平野南東までを収めるカットが含まれる。札幌上空に広がる雲の高度を基準に沿岸雲の高度を比定する映像撮影上の工夫が凝らされたものである。

本映像コレクションには、カラフルなラジオゾンデ(気球による調査)による石狩平野上の大気の調査景や、霧の多い沼ノ端でプロパンガス100本を燃焼させた人工消霧実験の記録映像なども含まれており、学術的な意図を知らずとも見て楽しむことができる。中でも、63年から日米科学協力をもとに進められた「太平洋上の雲の研究」の映像はひときわ目を引く。定期航路を飛ぶ飛行機の窓に向かって取り付けられた16mmカメラには改造が施され、時計や角度などの計器類がフィルム端に映し込まれており、羽田—ロサンゼルス間の太平洋上の雲がコマ落とし映像で記録されている。詳細な気圧図のない大洋上の気象情報を雲の連続写真記録から得ようとする孫野と菊地の野心的な試みによるものである。

Coastal Clouds
(1964)
Original
Coast Clouds over Ishikari Bay 1964

「Studies of Human Chromosomes in Leucocyte Culture」(1964年)から

「ヒトの染色体—生命の秘密を探る—」(1966年)から

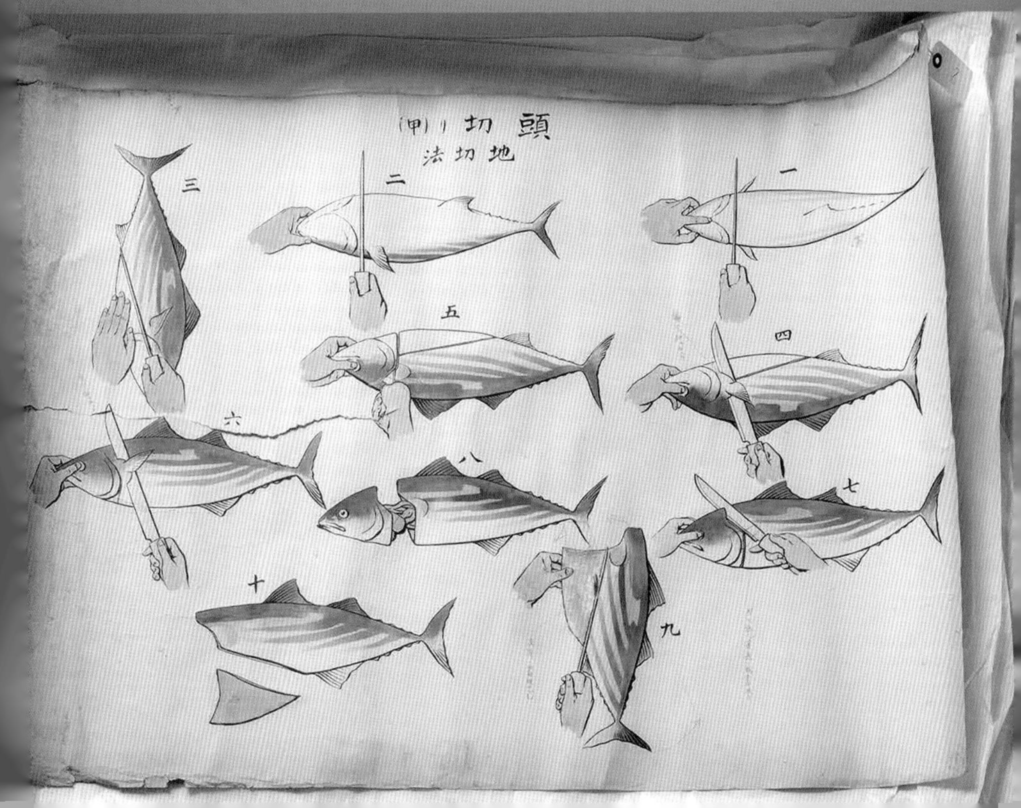
頭切り(甲)
地切法
一
二
三
四
五
六
七
八
九
十

092

牧野佐二郎関係
映像コレクション

P.220

牧野佐二郎(細胞遺伝学者、北大名誉教授、1906〜89)は顕微鏡観察による染色体研究を行い、観察記録を含む多くの学術映像を残した。牧野の映像作品の中でも著名な「ヒトの染色体—生命の秘密を探る—」(1966)は「Studies of Human Chromosomes in Leucocyte Culture」(1962/64)をもとにして、文部省学術映画シリーズ18として制作された作品であるが、ヒトの染色体異常の表現をめぐって意見が対立し、最終的に文部省版と牧野版の2種類が東京シネマによって制作された。研究者の意図に沿って編集されたオリジナルフィルム(牧野版)は本コレクションにのみ含まれる。

093

水産学教授用
掛図コレクション

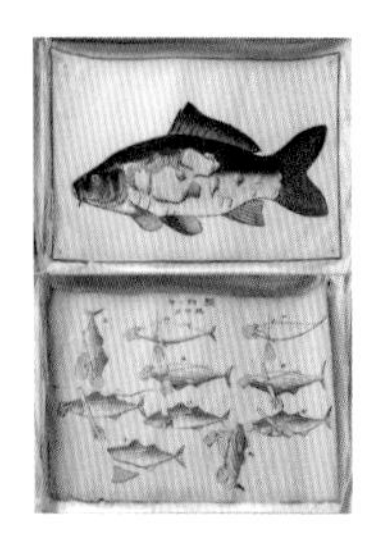

P.221

水産学の実学教育現場で用いられた掛図155枚。A魚病、B魚梯・堰堤、C孵化器などの教授内容ごとに整理されている。講義時には黒板などに掲示され、魚の病気や孵化・養殖装置、鰹節製造などに対する学生の視覚的理解を助けた。掛図裏面の「北海道帝国大学附属水産専門部」印や、木製収納箱内部に「東北帝大農科大学水産学科」と記されることから、1907年頃から18年頃に使用されていたものを含む。鰹節製造の掛図には、研究者と画工スタッフとのやりとりが鉛筆痕に残されていて、教材作りに向かう真摯なチームワークの様子も読み取れる。

No. 205
YAGI
アテネの夕べ 豪華な斉藤邸の晩餐
1984. 8. 7.
ギリシャのアオナ
タイ
モンゴイカ
日本では食べられない
タイをアテネでいただくとは!!!
EMERY
RODOS
オクラ
日本の
粉ワサビ
サラダ
シソの葉
日本産の種を
鉢に育てました
Shoyu
カラチ産大根
TEN YEARS Old
Kāβa Kaynū
カラチのショーガ
ビーフのたたき
ネギはギリシア
プロシュート・メローネ
イタリアの生ハム
ギリシャのメロン
カラチ直送の
マンゴー
スイカ(ギリシア)
トモ子夫人
手製の豆腐

094

庭園学関係
ガラス乾板コレクション

P.223

庭園学・造園学関係のガラス乾板からなる。欧語文献内の造園図など、図版を複写したものが大半で、キュー植物園の造園プラン図などを含む。複写原版と、更に再複写された幻燈用の版が含まれることから、教育のために用いられた資料であると推定できる。コレクションは16.4cm×12.0cm、8.1cm×8.1cm(ないし10.6cm)、台紙に整理された4.4cm×6cm、印画紙を表面に張り付けた包み紙に収められた8.3cm×10.7cmの4種類のサイズからなる。作成時期は不明であるが、英語表記の東北帝国大学農科大学印の記される乾板も含まれているため、使用時期が推測できる。

095

八木健三
スケッチブックコレクション

P.224

八木健三(岩石学者、北大名誉教授、1914〜2008)の手描きスケッチブック。十代の1933年から2008年の最後の寄せ書きを収めるNo.375まで合計371冊が残存。リネン表紙のマルマンスケッチブックに、黒マジックでブックナンバーとYAGIを記すスタイルで一貫している。地質学者の眼から捉えられた山のスケッチに加えて、石の産地への学術的関心がうかがわれる各地の石碑や墓碑が描かれるほか、国際会議や学会などの寄せ書き、料理のスケッチも特徴。コレクション後半には、野鳥などが数多く描かれ、八木が人生後半に注力した自然保護への視線を感じ取ることができる。

チセリウス式電気泳動装置HT-B型

1950年、日立製作所製

096

画期的分析装置

チセリウス式電気泳動装置HT-B型は、日本に残存する電気泳動装置の中で最も古い時期のものであり、科学技術史における重要資料である。電気泳動とは、電圧をかけたときに分子(タンパク質やDNAなど)が移動する性質を用い、その移動距離の違いによって分離を試みたり分析したりする技術である。

このHT-B型は、シュリーレン光学系の光路を覆うアーチ型のカバーと、中央の立方体の構造(恒温槽)を備えていて、蒸気機関車の模型を思わせる。装置中央につけられた銘板にはHITACHIと記される。泳動槽に収めるコアパーツの一つであるセルは残存していない。

装置の所有者だった平井秀松(北大名誉教授、1920〜91)が、東京大学医学部生化学教室の助手だったころ、日本で初めてチセリウス式電気泳動装置を手作りで完成させ報告したのは、戦後の部品も乏しい1948年のこと。翌年には日立製作所との共同でHT-A型が製造され、さらに翌年には小型(といっても現在の電気泳動装置に比べればかなり大型であるが)に改良されたHT-B型が製造され、全国の研究・医療機関に次々に導入された。画期的な分析技術、装置であり、装置開発後すぐに全国規模の学会(現電気泳動学会)も組織された。

平井はその後、北大医学部に教授として赴任し、この電気泳動装置も来道することになる。北大を退官後、東京で医学関係の研究所の長を務めた際にも、平井は装置を伴って東京に赴き、研究所に展示していたという。平井逝去後は北大医学部に寄贈され、当館に鎮座することになった。電気泳動の黎明については、平井自身や初号機開発に関わった研究者が回顧する文章を残しており、新しい研究分野の開拓や装置開発に向けられたひたむきな情熱をうかがい知ることができる。

DIAGONAL
SLIT

HIMMLER
ERLIN.N.
15678

097

Otto Himmler社製顕微鏡

P.228

望遠鏡の発明は、世界観の転換という衝撃を社会にもたらしたが、同じ光学機器である顕微鏡が科学の土壌に広く受け入れられるのには時間がかかり、18世紀後半であった。本顕微鏡は北大教養部生物学教室由来とされるが、製造は19世紀末頃で、ドイツの光学機器製造会社オットーヒムラー(Otto Himmler)によるものである。3本の対物レンズは全てイギリスW. Watson and Son社製。複数の理学部教員の管理を経て当館に収蔵された。当館では、学内の教育研究の現場で実際に使用された顕微鏡の収集・保存を行っている。

098

蒸発計(室外蒸発皿)

太田計器製

P.229

皿部分と金属棒を付けた王冠部からなる。刻印ロゴの形式から昭和20年代後半以降の製造と考えられる。継ぎ目のない射出成型で精密に製作されており、王冠部は水を飲みに来るカラス除けである。定量の水を注ぎ、時間をおいたのち、注ぎ口から残存水量をメスシリンダーに注いで蒸発量を計算する。直径20cm、高さ10cm規格の蒸発皿は気象台正規の測器であり、台湾、中国でも使用された。1965年以降、WMO(世界気象機関)規格である直径120cmの大型の蒸発パンに移行した。残存状態から、農学部農業物理由来と推定される。

1
2

1 2 3 4 5 6 7 8 9 0
A B C D E F G H I J K L M N O P Q R S T
a b c d e f g h i j k l m n o p q r s t
Q1.172
TOSHIBA TYPEWRITER
CARBON TAPE

099

オシログラフ記録器

横河電機製作所製

P.231

1922年に医学部生理学第二講座初代教授として着任した朴澤進（ほざわすすむ）は生理学実験用の装置や機器を数多く残している。本資料は、ガルバノメーター型電磁オシログラフの記録器部分である。ダッデルが実用化した電磁オシログラフは、1924年に横河電機が国産化に成功した。

本機は記録用の35mm映画フィルムが装填されたまま残存する。朴澤コレクションには、機器調達時のカタログや購入伝票、論文抜刷などの資料が一括して残されており、当時の生理学実験を再構成するための貴重な科学史資料である。

100

和文タイプライター

東芝和文タイプライター BW-2113

P.232

本資料は農業工学科事務係が使用していたものである。廃棄品を農学部教員が保管し、2018年に当館に寄贈された。農業工学科の当時の教官氏名のうち、足りない漢字を追加した行が赤く着色されている。1977年に着任した教員氏名の一部を含んでいることから使用時期が推定できる。和文タイプライターは15年の杉本京太による邦文タイプライターの開発を嚆矢とする。漢字入力に対するさまざまな改良が試された後、70年代には事務用品としての一定の地位を保っていたが、ワープロ専用機が急速に普及しはじめた80年代以降、次第に用いられなくなった。

10 製造から半世紀、なおも現役フィルム編集機

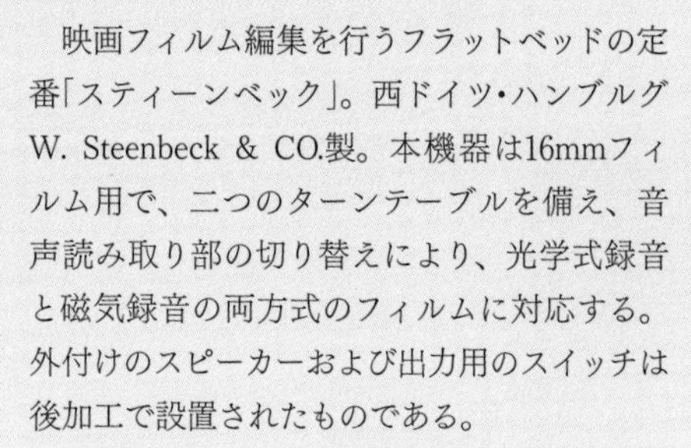

映画フィルム編集を行うフラットベッドの定番「スティーンベック」。西ドイツ・ハンブルグW. Steenbeck & CO.製。本機器は16mmフィルム用で、二つのターンテーブルを備え、音声読み取り部の切り替えにより、光学式録音と磁気録音の両方式のフィルムに対応する。外付けのスピーカーおよび出力用のスイッチは後加工で設置されたものである。

Wilhelm Steenbeckは精密機械の技術者で、小型電気モーターや精密歯車、Telexの部品などを作る会社W. Steenbeck & COを設立していたが、第二次世界大戦後、NWDR(北西ドイツ放送局)などの放送局の協力を得ながらフラットベッドの開発を進めた。

スティーンベック社の最初のフラットベッドは1953年に16mmフィルム用の四つのターンテーブルを持つST200として生み出される。その後、本機に先行する16mm用の小型機であるST1200が50年代に製造されロングセラーとなる。ST1200Wはロングセラー製品の改良機として生み出された。現行製品のST1201は79年から販売されている。

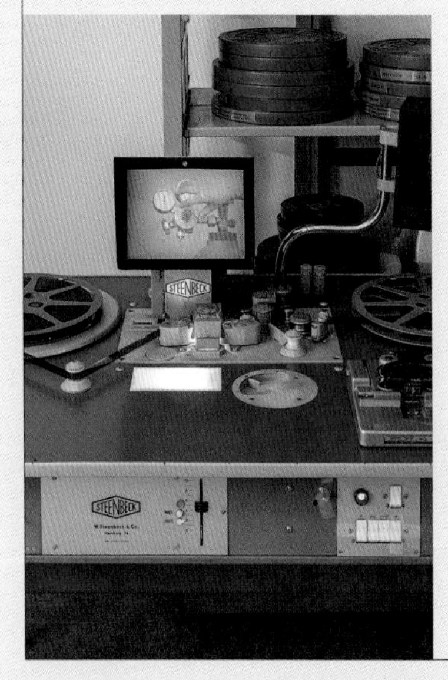

本機(ST1200W)は製造から半世紀近くが経ち、歴史的機器資料としての位置づけも可能だが、所蔵する映像フィルムの視聴用の現役機器として使用している。特に、版権の所在が不確かなフィルムについては、複製権の関係で、フィルムをデジタル化したのちに内容の視聴確認をすることができないため、本機器が重宝する。2018年、㈱東京光音の協力により登別映像機材博物館から寄贈され、S・Mサービス(東京)によるオーバーホールが施され、現役使用が可能になった。

［博物学者列伝⑨］

北大学術映像の系譜

「記録」、「伝えること」、「再現・分析」

研究者が学術活動の目的で撮影、あるいは研究対象として収集した映像を「学術映像」と捉えると、日本人研究者による最初期の学術映像は北海道大学に残されていることになる。北海道帝国大学農学部教授であり附属植物園博物館主任（館長）であった八田三郎（動物学、1865～1935）が企画した映像「白老コタンのアイヌの生活」（1925年）は、日本の学術映像の嚆矢とみなせる。

映画撮影会社の手を借りて制作された本映像は、東京で開催される第3回汎太平洋学術会議（1926年）での上映を企図したものであった。1912年ごろ、助手として採用されて染色体研究を始めた小熊捍に、「最近はやり始めた活動写真のような流行りものに飛びつくのではなく腰を落ち着けて研究するよう」八田が諫めたというエピソードが、小熊を追想する弟子の牧野佐二郎の文章に残る（牧野『我が道を省みて』ほか）。当時の八田の映像観が垣間見られて興味深い。

映像は汎太平洋会議の前年に学術団体の啓明会でも映写され、その際用意された講演原稿に八田の映像制作の狙いが記されている（『財団法人啓明会第十八回講演集』）。八田の狙いは、使用法がわかりにくくなりつつある博物館所蔵のアイヌ関係資料への情報付与と、汎太平洋学術会議でのアイヌ文化の紹介にあった。「記録」と「伝えること」の映像機能が強く意識されていたことになる。こうした映像記録の仕事は同館を継いだ犬飼哲夫（1897～1989）らによる熊送りの記録映像にも継承されていく。

八田のエピソードを綴った牧野佐二郎（細胞遺伝学、1906～86）もまた多くの学術映像を制作している。「ヒトの染色体」（1966年）が最もよく知られているが、牧野自身が映像を用いるようになった理由は明らかではない。北大予科のころ活動写真に傾注し（ちょうど八田が映画を撮影した頃である）、自主的な映画製作や映画雑誌の発行にも携わったことが自伝内に見出されるが、自身の研究で映像を用いるのは1950年を過ぎた頃からであろう。当館所蔵の牧野映像コレクションのうち最も古いものが、牧野企画監修の「細胞分裂の生態観察」（日／英版、1952年）であり、国内外の学会等で上映されている。「ヒトの染色体」など数本を除くと、牧野の学術映像には自身の実験手法や成果を研究者に「伝える」ことを目的とした映像が多く見られる。

雪の研究者として知られる中谷宇吉郎（物理学、1900～62）は、岩波映画製作所設立に貢献するなど科学映画の分野においても著名であり、「Snow Crystals」「霜の花」などの映像作品とともに、映画に関する随筆を幾遍も残している。当初、中谷は国際学会などで映像を自分の身代わりとして発表することを期待していたが、市民に対する科学教育的機能にも注目した。随筆「科学映画の一考察」(1940)では、科学映画を「博物もの」と「理化もの」に大別し、「理化もの」製作の難しさに検討を加えている。線画などを用いて物理研究を完全に「分からす」ことを一旦保留し、「現象自身の説明よりも、その現象を包む雰囲気を説明」する方策を紹介しており、今日の科学映像製作を考える上でも示唆に富む。

とはいえ、戦後の岩波映画製作所では、現象を理解させることにこだわった映像を制作し、人類史をビジュアル化して理解させる映画の構想などを随筆に残したりもしている。映像を用いた市民や社会とのコミュニケーションに力を注いだことがうかがわれる。中谷は海霧流入の観測において微速度撮影を行うなど、研究面でも一部映像を活用している。

中谷の気象物理研究を継承したのが新設の気象学講座である。初代教授の孫野長治(1916～85)と講座1期生の菊地勝弘(1934～)は、1960年代を中心に雲や霧を対象に多くの学術映像を生み出した。映像には撮影方法の工夫などが施され、現象を再現し分析することに備えられている。関連する論文も多く、気象学講座での映像利用は専ら研究ツールとしての色彩が強い。

一方、本数は多くないが、人工消霧実験やレーダー設置の過程を映した映像には研究プロジェクトの記録的な意識もうかがえる。第9次南極観測隊に参加した菊地は、観測基地や調査の様子、生物なども撮影しており、その意図は教育目的での活用にあったと述懐している。

映像資料や事績から北大における学術映像に関わる活動の一部を概観してみると、専門分野の壁を越えて、見え隠れする何か水脈のような学術映像の系譜を想像することができる。

八田三郎
(北海道大学植物園・博物館所蔵)

牧野佐二郎
(北海道大学総合博物館所蔵)

菊地勝弘
(北海道新聞社所蔵)

◎関連年表 （作成／北海道新聞出版センター）

西暦	和暦	
1871年	明治4年	農学校教師でお雇い外国人のT.アンチセルが岩内で野生ホップを発見
1872	明治5	開拓使仮学校が開校
1873	明治6	お雇い外国人のJ.ワッソンが国内初の大規模な三角測量を開始
1876	明治9	札幌農学校開校。教師でお雇い外国人のB.S.ライマンが日本初の本格的地質図を刊行。W.ホイーラーが数学と土木を教え、気象観測を始める
1877	明治10	初代教頭のW.S.クラークが1期生を伴って手稲山に登りクラークゴケを採集
		札幌農学校第2農場のモデルバーン落成
1878	明治11	演武場（札幌時計台）竣工。米国ハワード社製大時計が取り付けられる（1881年）
1883	明治16	炭礦鉄道事務所より演武場の時計を標準として鉄道を運行する申し入れがある
1886	明治19	札幌農学校植物園開園
1894	明治27	新渡戸稲造らが恵まれない子弟のために遠友夜学校を設立
1899	明治32	佐藤昌介、新渡戸稲造、南鷹次郎に農学博士、宮部金吾、渡瀬庄三郎に理学博士、廣井勇に工学博士の学位を授与
		本科生・川上滝弥が稲イモチ病の発生を初めて正式に報告した
1907	明治40	東北帝国大学農科大学となる
1908	明治41	廣井勇が陣頭指揮をとった小樽港北防波堤が完成
		水産学科忍路臨海実験所が竣工
		宗谷海峡を生物分布境界線とした八田三郎が農学校教授および同博物館主任に就任（境界線は八田ラインと呼ばれる）
1909	明治42	水産学科の練習船初代「忍路丸」竣工
1915	大正4	市川厚一がウサギの耳にタールを塗りつけて世界で初めてがんを人工的に発生させる
1918	大正7	北海道帝国大学設置
1926	大正15	昆虫学会誌「Insecta Matsumurana」創刊
	昭和1	大雪山系で採集したウスバキチョウなど4種（後に国の天然記念物）を松村松年が新種あるいは新亜種として発表
1928	昭和3	農学校出身で、「渡瀬ライン」（悪石島～小宝島海峡）で知られる渡瀬庄三郎が日本生物地理学会を創設
1929	昭和4	北海道帝国大学理学部本館（現・北大総合博物館）が竣工
1933	昭和8	室蘭に理学部附属海藻研究所が開設
		植物分布境界線「宮部ライン」（ウルップ島～択捉島）、昆虫分布境界線「河野ライン」（石狩低地帯）が提案される

博物館正面玄関の尖塔アーチ

2階の旧理学部長室（現博物館応接室）

1934	昭和 9	理学部教授・長尾巧が樺太でニッポノサウルスのほぼ全身の化石を発見
		医学部教授・今裕が「細胞の銀反応の研究」で帝国学士院賞受賞
1935	昭和 10	伊藤誠哉が稲熱病研究で日本農学賞を受賞。宮中でご進講を行う
1936	昭和 11	理学部教授・中谷宇吉郎が世界初の人工雪結晶の作製に成功する
		農学部副手・本間ヤスが菌類研究で日本で 2 人目の女性農学博士となった
1939	昭和 14	理学部教授・功刀金二郎が「抽象空間の研究」により帝国学士院賞受賞
1940	昭和 15	理学部教授・堀内寿郎が「化学反応速度の理論的及び実験的研究」により帝国学士院恩賜賞受賞
1941	昭和 16	中谷宇吉郎が「雪に関する研究」で帝国学士院賞受賞
		低温科学研究所が付置される
1942	昭和 17	理学部教授・茅誠司が「強磁性結晶体の磁気的研究」で帝国学士院賞受賞
1943	昭和 18	超短波研究所（後の応用電気研究所）、触媒研究所が付置
1946	昭和 21	名誉教授・宮部金吾が文化勲章を受章
		中谷宇吉郎らが狩太村（現ニセコ町）に農業物理研究所を設立
1947	昭和 22	北海道帝国大学が北海道大学と改称され国立総合大学となる
		医学部教授・児玉作左衛門らが網走モヨロ貝塚を発掘
1948	昭和 23	木原均が小麦の遺伝的研究で文化勲章を受章
1949	昭和 24	学校教育法による国立の大学として北海道大学が設置
		理学部教授・鈴木醇が「本邦に於ける超塩基性岩類並びにこれに附随する鉱床」の研究で学士院賞を受賞
1950	昭和 25	低温研、農学部などが北海道東部沿岸樹林帯の海霧に関する防霧機能の調査研究を行う
1951	昭和 26	厚岸博物館開館
1952	昭和 27	博物館法に基づき、博物館に相当する施設として農学部附属植物園、理学部附属臨海実験所水族館、附属博物館が指定された
		日本藻類学会が設立され、山田幸男が初代会長に就任
1955	昭和 30	文学部講師・知里真志保が朝日文化賞を受賞。厚岸博物館が博物館に指定される
1957	昭和 32	医学部教授・安部三史がばい煙の人体に及ぼす悪影響に関する調査結果を発表。植物園内附属博物館所蔵のアイヌ民族の丸木舟が重要文化財に指定
1958	昭和 33	理学部教授・牧野佐二郎が「動物染色体の研究」で、農学部名誉教授・福士貞吉が「植物ウイルス病の虫媒伝染に関する研究」で学士院賞を受賞
		函館に水産学部水産博物館（後に水産資料館に名称変更）が開設
1965	昭和 40	農学部教授・長尾正人、同助教授・髙橋萬右衛門の共同研究「イネにおける 12 連鎖群の研究」が学士院賞受賞。低温科学研究所に流氷研究施設が置かれる

3階「アインシュタイン・ドーム」壁面の
コウモリと一番星のレリーフ

博物館北側、中谷宇吉郎の業績を讃える
「人工雪誕生の地」記念碑

1967	昭和 42	北大・広島大合同の南米チリのパタゴニア調査第 2 次隊が出発
		北海道で初めての原子炉、パルス中性子基礎実験装置が完成
1968	昭和 43	低温科学研究所附属流氷施設・枝幸レーダー機器室が落成
1969	昭和 44	礼文島香深井 1 遺跡調査が始まる
		第 2 農場の建物 9 棟が重要文化財に指定
1972	昭和 47	水産学部練習船「おしょろ丸」が北緯 72 度に達し、日本船舶によるベーリング海峡通過記録を 35 年ぶりに更新
1974	昭和 49	北大ヒマラヤ委員会ネパールヒマラヤ地質研究会の「ネパールヒマラヤの地質研究」に秩父宮記念学術賞が授与
1975	昭和 50	石塚喜明、田中明が共同研究「水稲の栄養生理学的研究とその応用」で学士院賞受賞
1978	昭和 53	アイソトープ総合センター設置
1979	昭和 54	後にノーベル化学賞を受賞する鈴木章が「鈴木・宮浦カップリング」を発表
1984	昭和 59	総長の伴義雄が「インドールアルカロイドの合成研究」で学士院賞受賞
1986	昭和 61	四方英四郎が「植物ウイルス及びウイロイドの研究」で学士院賞受賞
1992	平成 4	毛利衛がスペースシャトルに搭乗（2000 年も）
1993	平成 5	木下俊郎が「高等植物における細胞質と核の相互作用の解析および作物育種への応用」で学士院賞受賞
1994	平成 6	久保赳がストックホルム水賞受賞
1996	平成 8	大塚榮子が池原森男との共同研究「核酸の合成と機能に関する研究」で学士院賞受賞
1998	平成 10	佐伯浩考案の世界初の流氷制御設備「アイスブーム」完成
1999	平成 11	北海道大学総合博物館設置
2000	平成 12	有珠山噴火を岡田弘が的確に予測し減災に貢献
2001	平成 13	浅野孝がストックホルム水賞受賞
2002	平成 14	永田晴紀が CAMUI 型ロケット初号機打ち上げ成功
2004	平成 16	国立大学法人北海道大学となる。台風 18 号でポプラ並木のポプラをはじめキャンパス内の大木が倒れる
		鈴木章が「パラジウム触媒を活用する新有機合成反応の研究」で学士院賞を受賞
2005	平成 17	喜田宏が「インフルエンザ制圧のための基礎的研究」で学士院賞受賞
		柴﨑正勝が「不斉分子触媒の創製と医薬化学への展開に関する研究」で学士院賞受賞
2007	平成 19	水産資料館が総合博物館の分館となり、名称を水産科学館に変更
2010	平成 22	鈴木章がノーベル化学賞受賞
2019	令和 1	総合博物館教授・小林快次が新属新種の恐竜「カムイサウルス・ジャポニクス」を発表

1958年に開設した函館キャンパスの水産科学館（展示本館、現在は休館）

函館キャンパスの水産科学館（展示別館）。ニタリクジラの全身骨格標本が目を引く

執筆　阿部 剛史
江田 真毅
大原 昌宏 ※
椗原 宏（北海道大学大学院理学研究院）
小林 孝人
小林 快次 ※
首藤 光太郎
田城 文人
西村 智弘（むかわ町穂別博物館）
山下 俊介
山本 順司
湯浅 万紀子 ※
（北海道大学総合博物館／※＝編集担当）

撮影　酒井 広司

デザイン　畠山 尚（畠山尚デザイン制作室）

写真提供　北海道大学附属図書館（P.39）
北海道大学大学文書館（P.41）
北海道新聞社（P.219下）／いずれも本文に記載したもの以外

編集協力　北室 かず子

編集　仮屋 志郎（北海道新聞出版センター）

北大総合博物館のすごい標本

2020年3月19日 初版第1刷発行
2023年9月15日 初版第2刷発行

編者　北海道大学総合博物館
発行者　近藤 浩
発行所　北海道新聞社
〒060-8711 札幌市中央区大通西3丁目6
出版センター（編集）電話 011-210-5742
（営業）電話 011-210-5744
印刷・製本　株式会社アイワード

乱丁・落丁本は出版センター（営業）にご連絡くださればお取り換えいたします。

ISBN978-4-89453-974-7

Staff only

理学部
School of Science
生命科学院
理学院
総合化学院